大展好書 好書大展

大展好書 好書大展

超經營新智慧 5

7-ELEVEN 大革命

村上豐道／著
李芳黛／譯

大展出版社有限公司

前　言

自從泡沫經濟崩潰之後，社會上沒有令人振奮的材料，任何業種都吹起重建旋風。

流通業界也不例外，從大規模小賣店法來看，除了早期開店困難之外，投資回收期間也長（平均五～十年）。因此使販賣志向變化成利益志向（純利益）戰略，擴大強化經營體質。現時點，大家都將眼光集中在伊東由加堂集團身上。

流通業界經營體質的變化，令人瞠目驚視，尤其是連鎖店的情況，從「全部赤字」變化至「每個店鋪確實產生利益的體制」。各企業為了生存，應該確實實行以下對策：

例如：

①不合算店鋪的剪報及圖表。

②業態的確立（強化顧客服務）。

③與地區結合（最地域化的商店）。
④商品的開發（以PB為中心，增加惠顧）。
⑤貨品適正化與庫存確認。
⑥人材培育（管理能力）與適才適所的人事。
⑦強化系統力（強化單品管理學與活用販賣時點資訊）。
⑧經費删減（節約）。
等等。

但值得注意的是，任何對策都是以商人的想法（如何將商品賣出去）為基礎，進行商品的改善與改革，並沒有驚人的發展。

進一步因為泡沫經濟的崩潰，價格破壞也隨波而至，許多企業斷然進行重建，解雇從業員，轉換為工讀化，這種轉變雖然使利潤上的經營數值變好，但經營體質本質卻比以前更糟。

但是伊東由加堂各企業，尤其是便利商店的 7-ELEVEN 日本公司，提出「製造機能商業」的想法，變革為「信賴之專門集團機能分化（生產、流通、販賣），對等型（coordinate）企業體質」。說它是至今仍然維持高成長（銷售、利益均佳）的唯一企業，一點也不為過。

該企業實踐了企業理念中，地區小賣店與批發商「共存共榮」的觀念，而且在經銷制（franchise system）的概念下展開多店舖。可以說「一提到便利商店就想到 7-ELEVEN」，便利商店的印象深深烙印在顧客心裡。除此之外，7-ELEVEN 還提供了多數話題，被稱為「打破傳統的 7-ELEVEN」、「業務改革的 7-ELEVEN」。至今仍是備受矚目的企業，以堅定踏實的腳步穩固地盤，邁向二十一世紀。

本書以 7-ELEVEN 日本公司的「高成長維持與入門」為著眼點，為各位解開其中奧秘。從筆者在流通業界的經驗，至公司設立迄今，包含歷史在內各項均有詳細說明，對於關心流通業的朋友及製造業（marker），提供了「流通業變革」理解之路，更助企業經營（體質改善）一臂之力。

本書之出版，感謝 7-ELEVEN 日本公司各位人員，及協助企劃、構成的佐藤猛先生，還有產能大學出版部粕谷正利編輯長的協助。

村上 豊道

目錄

第二章 從市場戰略看革新

第三章 從商品戰略看革新

序章　7-ELEVEN 的誕生

☆在嚴格的提攜條件下開船
☆明確的經營理念及人事確實
☆日本獨自的便利連鎖店之架構
（追求合理、理論、完美）

1. 與沙斯蘭德公司合作

當時伊東由加堂集團的業務部長（人事及業務開發）鈴木敏文先生（現在 7-ELEVE 日本會長）先生，對美國『便利商店』的普及感到興趣，經過與美國沙斯蘭德公司二年來的交涉，於一九七三年十一月簽訂契約書，同年十一月，成為伊東由加堂的子公司之後，由克—7股份有限公司正式成立。

當時，沙斯蘭德公司在美國已經擁有五千家 7-ELEVEN 商店，更向美國以外的加拿大進軍，但進軍日本尚未排入計畫之內。與其說還沒排入計畫表內，不如說便利商店是否能在日本立足，根本還是個未知數，因為日本人還沒有這方面的知識。

沙斯蘭德總公司位於美國中南部的達拉斯（甘迺迪總統被暗殺佛特渥斯的隔壁），這裡幾乎沒有日本人居住，以致於先進國家們對日本的認識極少（現在覺得真不可思議）。當伊東由加堂提起合作事宜時，他們的反應並不熱絡。經過鈴木先生（現任會長）數度交涉，他們才認真於這件事情上。

沙斯蘭德公司首先對日本市場進行調查、研究，並全面進行調查和哪一個企業合作的成功率最高。除此之外，也評估與其他連鎖店的合作情形。最後，終於在伊東由加堂熱誠下，前來日本考察（一九七三年三月）。在調查過伊東由加堂的財務內容、店舖狀況、公司風氣之後，決定與伊東由加堂合作。

但是，在交涉過程中，沙斯蘭德公司判斷成功率不高（當時伊東由加堂是以關東為中心的當地連鎖店），所以希望二公司合併。

然而，堅信「非成功不可」的鈴木先生（現會長），提出合併公司將導致經營責任不明確，利益分配等也必須調整。所以主張簽訂授權許可契約（有包銷權的總公司—**Area franchiser**），由自己負責損失風險，認為這種特約合同生意（**Franchise business**）比較有利。在鈴木先生的堅持之下，依照其主張簽訂契約。但是，卻因此背負極大損失責任（**圖表1**）。

2. 合作內容

契約的內容是：

a　簽訂日期……一九七八年六月十五日

b 簽訂地點……………The Southland Corp.

c 契約內容……………The Southland Corp.的「7-ELEVEN」便利商店經營入門。

d 契約期間……………本契約為伊東由加堂與沙斯蘭德公司於一九七三年十一月三十日簽訂，根據一九七八年六月十五日的讓渡契約，本公司（7-ELEVEN日本公司）改為伊東由加堂股份有限公司，成為契約當事者。無特定期限。

e 契約的條件…………（a）Initial payment（首期付款）
（b）Loyaley（專利權使用費）

開店地點限定在日本地區的包銷權總公司（Area Franchiser）契約於是成立。契約條件的初期費用（Initial payment）是數億日圓，再加上入門手冊等的解讀、指導費、系統設備費用等等，需要十幾億日幣。在沒有支付軟體、技術費用習慣的日本企業風潮中，要下這樣的決定，必須有很大的決斷力。

而且其專利權使用費，是銷售總額的一定比率，為繼續性費用。關於這項專利權使用費，至一九九一年已經支付沙斯蘭德公司售貨額的百分之零點四一（至少二

與沙斯蘭德公司的開店契約數

年度	累計店鋪數 地區Ⅰ	累計店鋪數 地區Ⅱ	合計累計 店鋪數	7-11 實際開店數
1975年2月28日	10	0	10	15
1975年事業年度	50	10	60	69
1976年事業年度	140	50	190	199
1977年事業年度	230	140	370	375
1978年事業年度	330	240	570	591
1979年事業年度	430	340	770	801
1980年事業年度	540	440	980	1,040
1981年事業年度	660	540	1,200	1,306

（取自 7-ELEVEN 社史）

地區Ⅰ：靜岡、長野及新潟各縣以東地區
地區Ⅱ：愛知、岐阜及富山各縣以西地區

＊往地區Ⅱ開店從 1979 年 4 月福岡縣 1 號店開始，時間上違反契約已經至事前獲得沙斯蘭德公司的諒解。

合計累計店鋪數不清楚的場合，契約記載可由沙斯蘭德公司直接經營。

圖表 1

十億～三十億日圓）。

假設當初是兩公司合併，稅前純益（一九九〇年度）的一半約六六〇億日幣，一九九五年度則將近一萬億日幣，那沙斯蘭德公司真是賺大錢了。從這層意義來看，不得不說有先見之明。

原本美國沙斯蘭德公司為了提高企業地位，將觸角延伸至石油精製事業及不動產事業等多角化事業。當一九八〇年代，美國刮起企業合併、收買風潮時，該公司也以投機為目標，導致資金週轉不靈。就在破產前夕，伊東由加堂集團伸出援手，使其渡過危機，收入集團之下，現在也致力於重建。

但是，當時在一切都是未知數的事業中，開店地區及年度別開店數（**圖表1**）均成為附帶條件被限制，而且在無法達成時，沙斯蘭德公司就直接對日本產生包銷權。在這種嚴格的條件下，公司內不論由誰負責，都必須要對新事業的成功有相當覺悟。因此，在贊成否定兩種激烈言論的呼聲中，負責業務開發的鈴木會長，不得不站出來負責。

就這樣，背負很大風險的船開始出航。這是一種『自己不做不行』的責任感，而且員工也都有不展開新事業，此事業就無法成功的深切感受。

3. 獨特的人事政策

新規事業的開發及發展，均遭致來自公司內外眾多批評意見。取得許可契約不是件容易的事，但繼續未來的工作更困難。

當時的伊東由加堂，大約在半年前，與美國有名餐廳連鎖店狄尼茲公司合作，決定進軍外食產業。公司內部希望公開招募人員，以確保必要人員，但卻造成伊東由加堂本體組織受影響，使部份業務停擺。

但在這種狀況下，若進一步放出便利事業人員，也會使本體經營動搖，導致經營陣線面臨危機，所以不得不由自己招募人員。此外，因為經營陣線沒有適任者，所以不得不由直接負責人鈴木會長擔任。

而且，必要人員與各店長的調整，也限於確保最低人員，從外部補充缺員應急。

現在被媒體報導為是「外行人集團」成功的要素之一，但缺乏零售經驗的人要開發新規事業，不可否認有些不安感。不過也可說就是在這種狀況下，才形成頂尖型經營者（判斷一切事物）代表鈴木會長。

這必須在對於新事業是在白紙的狀態下進行洗腦，而且在了解內容之外，還必須遵從嚴格老師（方針的策定及方向性的指示）與順從學生（實行被指示的事）的關係，才會變成可能。

假設是由伊東由加堂供給人材，則坊間就會出現是否能貫徹『合理經營』的疑問，也不知能否對於幹部進行『一定要使便利事業成功』的洗腦，從這層面來看，的確是「因禍得福」的好例子。

除了洗腦之外，幫助最大的是沙斯蘭德公司之經營理念、經營戰略、完成系統。不單純是模仿而已，沙斯蘭德公司的基本思考方式（目的的意義、達到目的之經緯分析）、合理性、效率性，都在日本開始萌芽，對於推展新規事業良有助益。

4. 7-ELEVEN獨特的創業精神

對於缺乏零售經驗的幹部進行便利事業洗腦工作，首先派他們前往已經成功經營數千家店的美國沙斯蘭德公司，讓他們用自己的眼睛看，實際觀察店舖經營，思考最佳銷售方式。包括重要幹部在內的十多名人員到達美國，在現場接受便利教育及店舖實習（管理人員教育），體驗如何擔負連鎖店的責任。

當時，對於從事零售業的人來說，前往美國是一種地位象徵（主要是一～二週的研修），有時一～三個月的實地體驗，對意識改革助益良多。從這方面而言，雖是一點『甜頭』，但對於沙斯蘭德公司完美的技術懷有一點不安也是事實。

組織面、系統成熟的公司，與創業不久的公司，不論國土大小、以從業人員為首各人員思考方式、法律等一切都不相同。

例如「dry area，wet area」等在入門書籍中隨處可見，這些英文字以日文直譯是「乾燥地區、潮濕地區」，根本不知道代表什麼意思。但在美國生活的人，就會立刻解釋為「可以賣酒的場所與不可以賣酒的場所」，為販賣條件。

終於覺悟到，很難將沙斯蘭德公司完成的入門書籍，原封不動應用在日本。

於是，一一分析內容，判斷是完全配合日本環境的內容（店舖運用），還是只可供思考的內容（以優勢戰略為代表），或者是不可利用的內容（例如自助加油機能），極力排除模稜兩可的層面，以適合日本的思考為主要架構。

這就成了今日在 7-ELEVEN 所謂的「日日革新」基盤。也就是對於構造的變化，以及日常些微的變化，能夠及早因應。

再者，關於『革新』，雖然透過作業使思考的意志統一（洗腦），但為了加深理解程度，鈴木會長不允許任何妥協。

工作方面的嚴格，做過其他公司工作的人，都感覺好像到了另一個世界。整個人體充分領悟到『革新是什麼』？

尤其是便利商店的展開方法，與沙斯蘭德公司不同。沙斯蘭德公司是以經營委託為中心，而日本是以與當地商店等小規模業主共存共榮的目的，採取經銷制（土地、建築物附屬設備等投資及店舖經營由加盟店負責），以這種企業理念開店。所以企業規模小、沒有知名度的7-ELEVEN，在尋找加盟店的過程中，所付出的努力與遭受的辛苦，根本難以想像。

但在這方面不能輕易妥協，只選定贊同7-ELEVEN企業理念（共存共榮、零售店生產性提高）者為加盟店。大眾傳播也經常介紹貫徹企業戰略的經營者意志之強韌，如果只要『革新』就可以使事業順利的話，那就太好了。然而，當時的不安是連鎖本部的企業經營面。

具備便利事業與經銷事業雙重性的7-ELEVEN，面臨的第一道關卡，就是在經銷事業面的技術，沙斯蘭德公司（主要是沙斯蘭德公司開店，招募店鋪經營者，委託經營的方法）與日本的 7-ELEVEN（招募擁有店鋪的經營者，指導其經營方法）展開方法不同。

現在認為經銷連鎖經營的想法，「商品三〇%，總部的支援體制為七〇%」好像是理所當然的，但當時連鎖總部的想法是，「連鎖總部供給商品」是責任，一般認為總部的支援體制應在免費服務範圍內進行。相對於此，7-ELEVEN 的總部支援體制（一切經營輔導）是必須付費的。但即使代行一部份事務，也遠不及沙斯蘭德公司的銷售基準值。包含人士費用在內的各項經費，是一項沈重的負擔，可說非常缺乏效率。加盟店越增加，赤字就越大。

一九七五年，為了研修ＥＤＰ，派遣數人至沙斯蘭德公司，徹底學習經銷制與便利制。

結果：

①連鎖總部的組織型態（少數精銳與分散管理）。

②領域顧問的任務與產量活用方法。

③零售商的集中、共同送貨。

④終端設備等的規格明細訂貨表。

⑤商品改廢。

⑥優勢商店。

……等系統開始重新調整，在製作後年「連鎖營運系統化」基礎的同時，「整理所有環境」之餘再活用系統，則更有效果。

注意到缺失後立即付諸行動（檢討理論性思考、判斷、指示），是伊東由加堂的體質。其改善的速度快，在組織、系統改革終了階段，瞄準FC店的獲得目標為販售酒店，如魚得水地展開多店舖紀元。

但這只是單純的主意，不是將重點擺在販賣酒店上，計算結果看現在加盟店的出身母體內容（**圖表2**），就明白了。

其理由為：

①販酒店有各種限制（執照許可制，一定要間隔一定距離），反而適合店舖展開。

②販酒店的忙碌時間是傍晚，而食品在白天及夜間的時間帶效率良好（銷售額增加）。

1994 年度銷售酒類店舖前 10 名

順位	公司名稱	銷售酒類店舖數(店)	期　末店舖數(店)	全店比率(%)	伸展率(%)
1	日本7-ELEVEN	2,546	5,905	43.1	13.2
2	大黑便利系統	1,130	5,139	22.0	30.6
3	桑修普亞沙其	1,024	2,616	39.1	5.0
4	全日本食品	633	1,841	34.4	6.0
5	非米利馬特	606	2,749	22.0	20.5
6	國　分	592	612	96.7	1.2
7	沙克斯安德 安索西意志	574	1,093	52.5	23.7
8	克克商店	553	553	00.0	4.7
9	西克馬特商店系統	518	529	97.9	11.2
10	蒙馬特商店系統	458	460	99.6	1.8

（取自「日經流通新聞」）

圖表 2

③販酒店的顧客層多為男性，離便利商店的目標更近。

而且銷售價格是定價，更適合以經銷方式展開便利商店。

結果，7-ELEVEN各年度開店數，從一九七五年開始不斷增加，一九七八年有二百家店，一九八二年有三百家店，現在可能近五百家店。

經銷制就是在這時候紮穩基礎，再加上之後十幾年的各種改善，以至於今日。只不過，經銷制的方式每年都有改善，以符合消費者走向。

如前所述，因伊東由加堂的支援，而在系統面獲得支撐。在沙斯蘭德公司手冊中無法利用的部份，就向伊東由加堂求助。

以此為主，雖稱為便利系統，但卻是以伊東由加堂的系統為基礎，符合便利商店的特徵，大幅將正規連鎖店（regular chain）無法實現的結構加以革新，重新組合。

例如：

①店鋪營運技術（外行人也可以經營店鋪的入門指南教育體制）。

②商品關係（商品改廢的系統化）。

③物流關係（零售商集中、共同配送）等等。

更進一步還有：

④人事關係（教養、自行檢查、給予面）。

⑤商品供給（零售商集中、生鮮中心的利用）。

⑥店舖營運（教育設施的利用、販賣技術）。

⑦系統面（電腦利用、系統架構）。

⑧店舖開發（伊東由加堂集團開店地區優先、員工的親友、業者的介紹）。

⑨事務處理。

……等等。創業初期若無伊東由加堂的協助，現在就沒有 7-ELEVEN 的存在。

當然，7-ELEVEN 也沒有子公司的意識，只吸收母公司的優點，充分融合伊東由加堂指南的「誠實度」，與沙斯蘭德公司入門的「合理性」，創造出獨具一格的日本式便利商店。

伊東由加堂入門的代表例是，每天朝會時全體合唱『振奮歌』（經銷店亦同）。

7-ELEVEN 徹底追求『顧客的方便』。今日則致力於供給伊東由加堂關於POS（販賣時點資訊管理）系統之各項入門。

關於開店，可謂一帆風順，但經營連鎖（franchise chain）的煩惱，從這時候開始陸續浮現檯面。

例如，列舉加盟店的不滿：

- 專利權使用費太高。
- 希望販售酒類不需專利權使用費。
- 繼續販酒業務。
- 雖說代行事務，卻又要做傳票整理、計算。
- 全年無休無私人時間，希望定公休日。
- 九點以後幾乎沒生意，希望早點打烊。
- 深夜從業人員缺乏。
- 無法提高銷售額。
- 無法提高利益。
- 希望節省水費、電費。
- 不會使用接待費。

等等，不勝枚舉，大小事項超過一百項。連鎖總部的問題也堆積如山。例如：

・如何在短期間內完成建築至開店。
・店舖營運輔導如何順利進行。
・員工人數增加造成的素質差異。

等等，這些也不勝枚舉。

不過，這些負面因子都可以藉由耐心改善、誠實應對、徹底執行基本戰略來彌補，使銷售額、利率提高、知名度增加（大眾傳播）、系統改善。現在維持三百～四百家以上店面。

包含財務體質在內，被評為達到優良企業頂尖地位的 7-ELEVEN，其『革新』的腳步備受肯定與矚目，請從第1章以後確認。

5. 卓越的成長軌跡

公司設立第三年，也就是一九七七年，一年開店數超過一百家。二年後的一九七九年，為二一六家。四年後的一九八三年，達到三三七家的記錄。往後七年間，每年都保持三百家開店（一九八四年為二九八家開店）。一九九六年二月期則將近

7-ELEVEN 開店實績

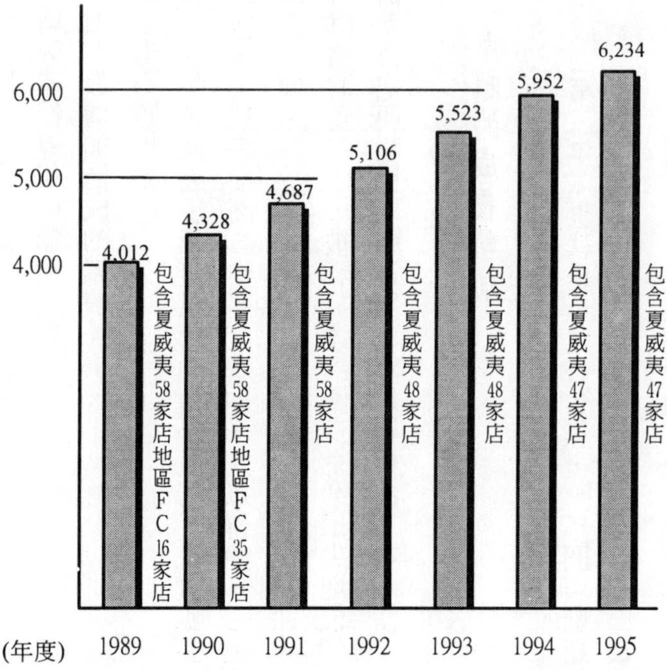

取自「7-11 面面觀」

圖表 3

1994 年度加盟店概要（每一店鋪平均）

公司、團體名稱	年營業額（百萬日幣）	賣場面積（m^2）	3.3 ㎡銷貨額（萬日幣）	員工人數（人）	毛利（%）
日本7-ELEVEN	250.0	100	825.0	7	29.6
大黑便利系統	—	100	—	6	—
非米利馬特	187.3	103	599.9	7	28.7
桑修普亞沙其	135.0	93	479.0	6	—
全日本食品	143.6	133	356.4	6	21.0
日本沙克凱	168.6	104	535.1	—	28.3
沙克斯安德安索西意志	180.0	100	594.0	8	—
米你斯德普	180.0	150	396.0	5	31.0
卡斯米康便利商店網路	124.4	113	363.3	6	29.5
國分	160.0	100	528.0	6	24.5

（取自「日經流通新聞」）

圖表 4

五百大關。經常利益為九八〇億日幣，為零售業界最高利益。

有一陣子，因為在神奈川縣的集團脫離事件，使脫離問題被媒體爭相報導，形象遭受打擊。再加上同業的成長，使得競爭激烈化，在獲得加盟店的成績上，的確沒有以前順利。

同一業態的經銷連鎖競爭對手，大黑便利系統公司（店名洛松、太陽連鎖）、非米利馬特公司（店名非米利馬特），在一九八七年度，也奇蹟似的確保二四三家店的純增，相差約一百家店。我們現在則確保開店數順利向上攀升。

一九九六年二月期預測顯示，7-ELEVEN 的開店數約五百家，非米利馬特為四五〇家。一九九五年十二月底，店舖數包含夏威夷約四十七家，共為六二三四家店，繼續成長中（**圖表3**）。

尤其現在與敵對意識強的大黑便利系統差異很大。大黑便利系統的銷售額、值入率、純益率等，與 7-ELEVEN 的差異相當大。

『順利』的理由中，也不可忽視新會員中心（7-ELEVEN 稱為 Recruit field counsolor—新會員加盟指導）。

實際上五十～六十各主要幹部，在一年內增加三百～五百家加盟店，平均每人

7-ELEVEN 的銷貨推移與預測

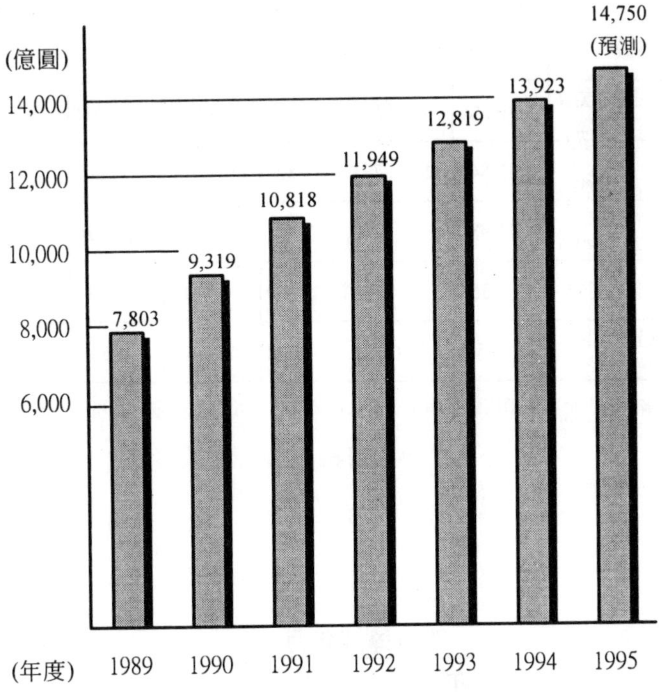

取自「7-ELEVEN 面面觀」

圖表 5

7-ELEVEN 的步伐

項目＼期別	第 17 期 (1989 年度)	第 18 期 (1990 年度)	第 19 期 (1991 年度)	第 20 期 (1992 年度)	第 21 期 (1993 年度)	第 22 期 (1994 年度)
店舖數	4,012	4,328	4,687	5,106	5,523	5,952
全部連鎖店銷貨額（百萬日幣）	780,326	931,967	1,081,871	1,194,913	1,281,931	1,392,312
營業收入（百萬日幣）	133,845	137,277	162,820	181,962	195,667	214,560
經常利益（百萬日幣）	53,080	66,970	77,664	85,160	88,110	93,381
增加店舖數	359	316	359	419	417	429
推定日售（萬日幣）	55.8	61.2	65.8	66.9	66.1	66.5

「店舖數」、「全部連鎖店銷貨額」、「營業收入」、「經常利益」取自「事業報告書」

圖表 6

開店達成年月

年　月	店　舖
1980年11月	1001 店
1984年 2月	2001 店
1987年 4月	3009 店
1990年 6月	4001 店
1993年 2月	5001 店
1995年 5月	6001 店

圖表 7

一年內可以得到七～八家店。

一九八八年度，每家店年平均銷售額約一億九千萬日幣，專利權使用費（經營指導費）也達到二五〇〇萬日幣。7-ELEVEN 的銷售總額（專利權使用費亦包含在內），每年增加八十億～一百億。

一九九四年度（**圖表4**）年商二億五千萬日幣，費用（也稱為專利權使用費）平均以四〇％換算，每家店一年為三千萬日幣。

相當於每個人生產力達到一億五千萬日幣。這可說是以往零售業想也不敢想的數值。而且年度純益可以做最大限度活用，達到五〇％左右的巨額。

以 7-ELEVEN 為首，各便利連鎖店總公司為確保加盟店而努力奔走的原因，除了連鎖店數的競爭之外，還有物流效率化、減少總公司成本費用等著眼點。達到增加純益、使總公司繼續成長的目的。

為了維持成長，員工必須有「日日革新」的意識，與「掌握顧客需求」、「與加盟店共存共榮」的精神。保持「店鋪開發」、「商品」、「物流」、「販賣」、「系統」、「宣傳」等能力均衡很重要，因為這些是構成企業戰略的條件。

第一章　經銷制

☆與零售商共存共榮
（零售店活性化）
☆流通業的近代化
（提高生產、活用資訊）
☆因應變化的顧客需求
（貫徹顧客第一主義及服務收費化）

1. 契約內容與費用

在進行一項新事務時（開創新事業或開發任何新商品、事物），會面臨在幾種局面下做選擇。這時候就得對期間、人員、預算進行綜合判斷，找出風險最少、結果「最好」的部份。

然而，7-ELEVEN 正好相反，選擇了「困難的方式」，並且巧妙地克服困難、掌握自信。這種思想至今反映在所有事情上，應該稱之為原點的事情，就是1號店的開店型態。

在直營店或經銷店比較合適的討論聲中，最後決定經銷店。托這家1號店的經銷方式之福，能在最短時間內取得便利商店入門與經銷制（契約書）入門。

之後，隨著店舖的增加，與原來契約書不同，堪稱完整的契約書才形成。忘了究竟是幾年前，某報紙廣告欄出現高價提供 7-ELEVEN 經銷契約書（說明書）的廣告，相信一定有許多人記憶猶新吧！

當時經銷契約書正、副本均由 7-ELEVEN 保管，外人根本看不見。一部份店舖開發負責人為了爭取加盟店，便對契約書的內容及權利金費率項目感到關心，很想看看內容記載些什麼？

最近在單行本、雜誌中有介紹契約書的部份內容，看過的人也不少吧！

7-ELEVEN 總公司（franchiser）與加盟店（franchisee）的契約要旨，從有價證券報告書摘要如下：

加盟店契約要旨

a　當事者（總公司與加盟店）之間締結的契約

(a) 契約名稱

加盟店基本契約（書）

此外，有共同加盟者時，在加上本契約，與對方根據附屬契約書訂約。

(b) 契約宗旨

經過本公司的許可，為了經營便利商店而形成經銷契約關係。

b 加盟時徵收加盟金、保證金、其他費用相關事項

	(a)徵收費用	(b)性質
總額	三，○○○，○○○日幣	下記1～3合計
內容		
1.研修費用	五○○，○○○日幣	加盟店參加十天研修、實地研修的費用（含交通費、食、宿費）。
2.開業準備手續費	一，○○○，○○○日幣	從契約之前的立地調查至商品陳列，為了使加盟者立刻進入開店狀態，本公司實施之開業準備各項作業費用。
3.開業資金	一，五○○，○○○日幣	開業初期的庫存商品、準備金、雜貨、備用品、消耗品代金及加盟保證金五○○，○○○日幣，加盟者當成自己資本能調配的最低

限度金額（支付上述金額予總公司後，其餘由總公司調度、融資）。

c **對加盟者關於商品販賣條件事項**

(a)總公司在開業初期為加盟店準備貨品，以後總公司不對加盟者做販賣行為，加盟者可依本公司推薦進貨或自行找進貨廠商。

(b)開業時庫存商品貨款由第b項3款的開業資金填補清帳，隨時開業後的銷售貨款送至本公司，隨時填補清算（金額為本公司進貨金額）。

d **經營指導相關事項**

(a)加盟店有無舉辦研修、講習會

加盟者必須接受總公司安排之一切課程。

(b)研修內容

1. 教室內研修（五天）。

本公司實施之經銷制的了解、販賣心得、接客方法、商品管理、採購方面之事務處理及傳票製作方法。
2. 關於直營店的事務研修（五天）。
(c) 對於加盟者持續指導經營之方法
1. 派負責人觀察店鋪、商品、販賣之狀況，提出建議及指導。
2. 提供販賣資訊、傳達本公司相關資訊。
3. 指示最有效的標準零售價格。
4. 活用總公司系統，援助各種進貨。
5. 提高各加盟店的知名度，利用各種宣傳廣告促進銷售。
6. 配合其他經營幹部實施經營座談。
7. 提供計數等之作成，協助每月經營之計數管理。
8. 實地卸貨的實施，根據其結果提出商品管理的改善建言。
9. 商品採購等技巧。

e 使用商標、商號及其他表示相關事項

(a) 關於該加盟便利商店的經營，允許使用 7-ELEVEN 的商標、符號、其他營業象徵、著作物等。

(b)使用總公司的商號，會產生與主體混淆的情形，導致責任不易分辨，不準使用。

f・契約期間、契約更新、契約解除相關事項

(a)契約期間

加盟店新開店首日起十五年。

(b)契約更新的要件及手續

期間屆滿時，以協議合意為基礎實行（尤其在無妨礙事由條件下，以加盟者的希望為原則更新）。

(c)契約解除的要件

1.死亡、解散、喪失法律行為、減失店舖、自己不可能經營時，當然解除。

2.當事人信用極低（銀行拒絕往來至破產），被認為難以繼續經營、加盟者破壞基本契約行為（營業轉讓、洩漏經營技巧、企業機密等非誠信行為）、背棄經營等，已經不容許在繼續認可其經營權的情況，可不經催告而解除。

g．向加盟者定期徵收金錢相關事項

(a)徵收額度及算定方法

依加盟店的營業時間，原則上依下列比例向總公司支付服務費。

1. 二十四小時營業商店，為每月銷售總利潤的四三％。
2. 上述以外營業時間，為每月銷售總利潤的四五％。

實際契約書中，對以上事項有更詳細的記載，只要詳讀本契約書並加以分析，便能了解 7-ELEVEN 加盟店管理情形。再進一步了解各條項之商品供給、店舖營運、總公司責任，即形成能夠掌握各職務責任的契約書。

從契約書文章很難充分了解主體，為了使加盟店更容易理解，總公司準備了入門指南，聽過說明之後便可在不知不覺中掌握全貌。

2. 連鎖總部與加盟店之責任

一般而言，經銷連鎖店的總部、加盟店個別責任可彙整如下：

『有關店舖經營整體方面，希望與物主共同負責，維持健全的經營。以販賣相關入門為首，指導其商品、從業人員的店舖營運全體技巧，並對其店舖營運上的問題提供諮詢、解決方策，獲得相對費用。

這對連鎖全體印象提升、提供消費者方便購物、促進地區社會消費生活水準有正面作用。』

亦即，連鎖店的總公司至少有以下機能，並提供加盟店這些機能。

・商品企劃機能
・促進銷售機能
・店舖營運指導機能
・教育機能
・物流機能

・代行事物機能
・傳達資訊機能
・提供金融、信用機能
・經營指導機能

加盟店對於被提供的機能，有忠實實行的義務，主要專心於銷售業務、分擔責任。這些事項記載於各公司，以圖連鎖店的營運圓滑。

7-ELEVEN 的契約書也記載同樣的主旨，但讀過 7-ELEVEN 契約書的人，大多認為這些記載只是理所當然的事，令人有些「沮喪」。

真的只是如此嗎？

例如：

①店舖售貨金額送至總公司（延遲的處罰）。
②自己商店進貨的限制（商品品質保證）。
③丟棄消耗的限制（商品政策與店舖營運）。
④設定最低保證金額（總公司持續加盟責任）。

等等，這些都會對總公司與加盟店造成危險。

即使普遍認為這些看起來簡單且理所當然，但就算是連鎖總公司與加盟店的共通目的（一起賺錢）一致，畢竟還是一國一城之主，手段及想法多少有些差異。因此，如何調整雙方步伐，使雙方能依照契約書實行，是很重要的事。對於想法不同的加盟店，除了以理論（包含資料活用）說服之外，別無他法。

我們與其他許多連鎖店不太一樣，完全以契約書為優先，有條理地進行事物，而不是為了拉攏加盟店而對契約打折扣。

例如第①點，店舖售貨金額送至總公司的情況，加盟店會有「這是本店的售貨金額，為什麼必須送到總公司」的疑問，或者延遲送金為什麼要受到處罰，還有送金利息也不退還等問題，大家都會依照傳統的習慣思考，所以，必須記載於契約書上。

一般進貨金額及費用是後付，就像「請相信總公司，但不相信加盟店」一樣，怎麼說都會遭到公司以惡性說為基本的批判。但從資金運轉至利益，包括金錢方面的經營全部委託連鎖總公司，可以使加盟店安心地經營生意，應該是良策。

②自己商店進貨的限制方面，如果同樣以賺錢為優先考慮點，為什麼除了總公司推薦商品以外，加盟店不能自己決定要進什麼商品就進什麼商品？加盟店這項希

支援加盟店的制度

1	提供展示架、貯藏櫃、推車等陳列雜器
2	電費 80%由公司負擔 (年平均 330 萬×0.8=264 萬)
3	營運顧問指導經營、代行處理簿記會計、卸貨業務
4	負責人或配偶死亡、傷病、老年等等福利金→負責人共同救濟
5	員工工作中、通勤中受傷之準備金→從業人員共同救濟
6	婚喪喜慶、旅行、疾病等負責人不在的場合，代行營業的協助制度
7	總公司負擔廣告宣傳費(一年 100 億)
8	提供 POS 收銀機、商店電腦、GOT、ST 等機器

(取自「7-ELEVEN 面面觀」)

圖表 8

望無法被接受。

理由如下：

・食品方面，一旦發生事故（食物中毒），會影響所有連鎖店。
・自己進貨所造成的經費（品質管理、訂貨、物流等），使利益不如預期般高。
・在店鋪診斷（商品經營的側面）方面，無法提供適當解決方略（資料不全）。

像這種性惡說或只對加盟店嚴格的契約書批評，實在應該再進一步檢討，為什麼非定這種契約不可的過程（總公司加盟店分擔責任）。

透過此契約書依原則實行，使總公司被銬上手銬和腳鐐。當然，總公司及職員不但非清白廉潔不可，還得經常促進品質提高。

7-ELEVEN 與其他連鎖店相比，品質提升有目共睹，這也是加盟店增加的原因。

3. 徹底實行是連鎖業務的基本

其他連鎖店分析 7-ELEVEN 的契約內容，單純地設定部份有利條件，以爭取加盟店。以金錢利誘爭取加盟店的方法常見於地方連鎖店及新連鎖店。

這不僅是連鎖總公司的損失，對於加盟店而言，結果也是整個系統上服務水準低落，往往導致無法信任的後果。

事實上，不應該只設定有利條件，更應該設定適當正確的條件。不是提供符合權利金的服務，而是應該看能提供多少服務而設定權利金。

在 7-ELEVEN，契約書是具有權威性的文件，必須確實遵守記載項目。當違反送金規定、資料提出義務時，加盟店必須受罰。

因此，要求加盟店對總公司負完全責任，而這也是使總公司對加盟店服務水準提升的原動力。

現在，連鎖總公司的價值以——

價值＝服務水準／罰金

的計算方式判定。

所謂服務水準就是：

①連鎖印象（宣傳力）。

②商品力（商品開發）。

③店舖營運指導。

④系統（電腦）。

……等之綜合力。不論是總公司或加盟店，非得貫徹基本契約才能實現此服務項目。

為了貫徹基本契約，7-ELEVEN 分給加盟店『系統指南』，協助加盟店營運順利。這個系統指南是方法介紹，以「請這麼做」的記述為中心，不記述為什麼非這麼做不可的原因。

事實上，「為什麼」的部份已經成為各連鎖總公司的指南了。

長年經營便利商店產生的經驗，去除不適合（銷售成績不佳、挫折等）部份，只截取成功（好成績）部份，將其菁華完全表現出來。而且只要手邊有這本手冊，幾乎就能使日常營運無障礙，因此本指南內容鉅細靡遺，面面俱到。

尤其值得矚目的是，從過去經驗得知要得到信任，絕對應該遵守的項目以「基本」或「原則」彙整。

舉例如下：

基本4原則（零售業的基本）

①鮮度管理　準備比其他地方新鮮的商品（包含品質管理）。
②商品管理　掌握商品流動，隨時補貨（減少庫存）。
③清潔明亮　打掃商店內外（使商店展現清爽感）。
④親切服務　收銀員親切與顧客應對（在收銀機前對話）。

如此明確指示基本店鋪營運方針，而且每年會舉辦方針說明會、業主懇親會等，盡量達到高水準的服務品質，甚至加強教養。

4. 基礎的系統營運

『系統指南』的優點，不僅鉅細靡遺而已，其型態也有值得學習之處，而且在內容方面，為了使店長至從業人員早日理解，許多利用表格形式，訴諸視覺，文章也以簡易文字編輯。這種作法可說見於7-ELEVEN系統整體。

例如，最初（一九七八年）引進的訂貨終端機『終端機7』，從設計訂貨單開始，就是以「外行人操作系統」為前提，以提高效率。

當時，連看到電腦桌都討厭的加盟店很多，著實煩惱該如何方便加盟店訂貨呢？

其理由為：

①入力方法市面僅售接通（key in）末端（伊東由加堂已使用攜帶型訂貨終端機）

②入力末端與傳送末端需要個別裝置，操作麻煩。

③成本高。

於是，結論為只能製造出連外行人都可簡單操作的低成本機器。

①光筆方式（以光學讀取條碼的內容，使記憶體記憶）。

②入力、傳送機能一體化裝置。

③簡潔、有效率的設計。

就這樣，請日本電機開發，在短期間內製造出試作機，經過測試階段導入加盟店。

其成果為，加盟店訂貨作業省力、正確、迅速。但最大的成效還是在於連外行人也可操作電腦。

至於此系統開發的重點之一，是完成放在收銀台處的條碼。此通常以印刷方式製成，不但工程期達一～二個月，成本也高，為了達到實用效率，不得不找尋能印條碼的新式高速印刷機。後來找到東聯製的漢字印刷機能印製條碼，於是引入此機器，連外行人也會操作『訂貨系統』的機器開始作用。如果沒有印條碼的印刷機，7-ELEVEN的訂貨系統就不存在。

之後，進入ＥＯＢ（攜帶訂貨終端機與收銀台連接）、ＰＯＳ（銷售時點資訊管理、雙向處理）等 7-ELEVEN 獨自機器的開發，目的是使外行人也能操作機器，進入硬體（機器）、軟體（資料活用）革新層面。

這種想法以店鋪營運面為首，擴展至整個 7-ELEVEN 系統。例如店鋪中綿綿冰製造機就是個好例子，本來的機器不但大、佔空間，而且運用成本也高，很難在店內找到擺設位置，但經過改良後，開發出小型、運用成本低、不麻煩（一天清潔一次）的機器，在便利食品銷售上可說是一大貢獻。

現在，各部門都在追求更有效率的『外行人操作系統』。機器方面，重點在於『零故障機器、強化支援對策』，以製造不使商店麻煩的系統為目標。

關於系統營運，7-ELEVEN的特徵是：

①資訊齊全掌握店舖動向

・商品庫存全額控制（dollar control）資料「商品報告書、日別庫存、P／L、B／S」

・場地顧問（field councillor）掌握店舖檢查表之資料。

・負責人、從業人員資料。

②使店舖活性化的資訊齊全

・單品管理資訊（PMA、PMC等）

・藉連線網路（on line network）早期掌握資訊。

・藉銷售時點資訊（POS）與現場資訊結合。

系統本身不是目的，而是為了達成目的而附加的一種手段。

而且以電腦系統為首，系統本身表面上立刻可以模仿，但其他連鎖商店實施與確定要長期間，資料精確度常發生問題。

其理由如下：

①向麻煩、不方便、困難之事挑戰

・全年無休（二十四小時營業）。

・零售商集中（共同販賣）。

・分散網路（雙方向通信）。

②徹底整理環境

・達到成功可能性之後進入系統化。

・運用重視型的運作（operation）。

・系統開始後的跟進與改善。

除此之外，關於系統開發的組織（開發、運用的分離）、組織對應力（協助開發、調整環境設備）等全體協力體制得以完成。

5. 便利商店的觀念

便利商店的觀念一般有：

①商圈〇・五～一公里。

②賣場面積三十五坪左右。

③商品種類三〇〇〇～三五〇〇項，以食品為中心。

④長時間營業（六小時至二十四小時）。

⑤公正售價。

等店舖營運條件。以顧客為中心進貨、系統、物流機能、結構等被受議論是現狀，但看看 7-ELEVEN 的歷史，完全不觸及這種硬體定義。

為什麼呢？因為如果在同商圈形成競爭店，則商圈內的估計顧客數會大幅減少，非得準備三〇〇〇項單品不可。

7-ELEVEN 對於便利商店的基本觀念為軟性視點的：

對消費者日常生活有幫助，亦即提供購物徹底便利、便宜。

從消費者的立場來看，固定於地域社會的小型店舖，有什麼東西、提供什麼服務，才能滿足顧客的需求？這才是重點。

以這種觀念為基礎，就可以向更完美邁進。打破過去的經驗（想法），思考合理的經濟結構（共存共榮），建設革新的歷史。

這些觀念與想法，最近有五家大型便利連鎖店（一〇〇〇家店面以上）引用。

藉由以上系統的不斷革新，從圖表9、10就可看出與其他便利商店的業績差別。

1994 年度店舖銷貨額順序

順位	店名	年銷貨額(百萬日幣)	前年比(%)	銷貨額內容		期末店舖數前期比
				直營	FC	
1	日本 7-ELEVEN	1,392,312	8.6	27,285	1,365,027	5,905 (7.9)
2	大黑便利系統	821,400	12.1	—	—	5,139 (6.3)
3	非米利馬特	486,250	8.9	14,864	471,385	2,749 (9.4)
4	桑修普亞沙其	353,203	5.3	17,018	336,185	2,616 (5.4)
5	日本沙克凱	257,116	16.3	14,278	242,838	1,622 (12.2)
6	沙克斯安德安索西意志	185,908	18.8	2,329	183,579	1,093 (17.5)
7	迷你斯德普	94,009	14.6	6,627	87,382	603 (18.0)
8	卡斯米康便利商店網路	89,701	6.0	3,773	85,928	721 (8.6)
9	國分	88,000	2.3	—	0	612 (0.3)
10	西克馬特	83,321	12.9	0	83,321	529 (11.1)

圖表 9　　(取自「日經流通新聞」)

1994 **年度開店推移**

公司、團體名稱	1993 年度		1994 年度		95年度預定開店
	開店	關店	開店	關店	
日本 7-ELEVEN	417	－	429	－	428
大黑便利系統	－	－	－	－	－
非米利馬特	266	65	316	79	－
桑修普亞沙其	205	151	229	94	－
全日本食品	87	114	160	102	138
日本沙克凱	－	－	－	－	－
沙克斯安德・安索西意志	153	27	180	17	－
迷你斯德普	75	4	102	10	120
卡斯米康便利商店網路	90	27	99	42	120
國分	61	26	42	40	48

（取自「日經流通新聞」）

圖表 10

第2章 從市場戰略看革新

☆**優勢性**
（貫徹地域內高密度開店化政策：提高知名度、減少物流成本，使總成本降低）

☆**沒有立地（物流）、建築物等的例外，貫徹店舖營運原則**
（確立顧客光臨、排除店舖經營損失）

☆**重視店舖品質甚於店舖數量**
（向地區第一名商店目標前進）

1. 高密度開店＝優勢化政策的戰略意圖

7-ELEVEN 的開店地區，到一九九五年十月底，加上夏威夷共有二十二區，商店數六二三四家。以東日本為基礎，往西日本展開。

大約自從一九八七年進入熊本縣後，至今尚未向新地區發展（京都、滋賀由早藤商事負責、夏威夷由沙斯蘭德公司負責）。

已經在全國各地區打響知名度的 7-ELEVEN，為什麼不向新區域發展？或許會有人質疑，為什麼範圍不及四十七都道府縣的一半？

一九七四年五月第一家店開張後，二十多年來，進出地區的特徵都一〇〇％利用伊東由加堂集團的知名度。

例如，東日本的關東、東海、甲信越、東北、北海道是打出伊東由加堂的名號，以福島為基盤的東北是優克貝仁丸，以長野為基盤的甲信越是優克馬沙（現在解除合作關係）。除此之外，新潟的新潟大丸、神奈川的大克馬等等，優勢化（集中地區開店）的核心部份，可以說都是伊東由加堂集團的店舖。

這些不是利用集團的知名度掌握顧客，而是掌握負責商品供應的零售商。

如果利用知名度掌握顧客，恐怕反而有負面影響。因為初期時代，集團公司是以超市為中心的低價業態（購買層為二次大戰後出生的青年組成之新型家庭）。相對於此，7-ELEVEN的顧客是以年輕男女（單身上班族、ＯＬ、學生、小孩）為中心，以標準價格銷售。如文字所述，從上午七點至下午十一點的『便利時間』售貨為政策，兩者方向不同。

另一方面，進入西日本是與沙斯蘭德契約中，被強制的部份。雖然十分冒險，但進入福岡的結果，成功地達到優勢化目的。原因歸於事前準備階段提高知名度方略（成功店的ＰＲ、系統革新性、話題性、ＣＭ等大眾傳播工具利用得宜）。

『優勢化政策』是使商店集中在一定地區（商店約以四十～六十家為單位，稱為district──地區）。這正是順利與加盟店進行經營商談、代行事務等工作得以圓滑進行、商品供給（尤其是物流）順暢的7-ELEVEN之基本戰略。

若無此優勢化政策，就沒有7-ELEVEN的革命。

其他連鎖店是採取開幾家店後，就將矛頭轉向其他地區，反覆新規開店之物件優先主義使店舖數增加，展開廣範圍少數店舖的非效率方式。此不同造成物件效率

縣別開店數

	縣名	店舖數		增加
		1995年10月末	1988年2月末	
1	東京都	931	619	312
2	神奈川縣	657	466	191
3	埼玉縣	589	394	195
4	千葉縣	517	327	190
5	北海道	490	215	275
6	福島縣	279	184	95
7	福岡縣	409	197	212
8	長野縣	257	151	106
9	枥木縣	228	115	113
10	茨城縣	270	134	136
11	宮城縣	240	101	139
12	靜岡縣	259	90	169
13	群馬縣	214	103	111
14	廣島縣	195	73	122
15	新瀉縣	159	59	100
16	山梨縣	110	24	86
17	山口縣	106	20	86
18	佐賀縣	83	30	53
19	熊本縣	71	2	69
20	京都府	67	—	67
21	滋賀縣	56	—	56
22	夏威夷	47	—	47
	合計	6,234	3,304	2,930

取自「有價證券報告書」

＊基本上沒有進出新規地區（縣）
＊既存開店地區的優勢化進展

圖表 11

的大差異。

那麼，為什麼 7-ELEVEN 不打進新地區呢？答案有這些地區的民力低，在許多革命方面呈右肩型成長，為了使平均日所得維持在六十五萬日幣以上，沒有必要在此水準以下地區大量開店。亦即優勢化也要重視高效率的店面（質的方面）。

2. 日本全土戰略的構圖

最近首都圈（1號線、16號線、17號線等）的國道沿線，只要出現一家 7-ELEVEN 店，間隔五百公尺～一千公尺又會陸續出現 7-ELEVEN 店。

大概有人注意到，與其他連鎖店一下開這家、一下關那家的情形比起來，7-ELEVEN 商店呈穩定局面。沿著主要道路線展開，以住宅區為中心之面的展開互相配合，呈現優勢化。或許店舖展開的情形可以說連一滴水（顧客）也漏不掉。

注意到 7-ELEVEN 的這種優勢化，其他連鎖商店便穿插在 7-ELEVEN 店與店之間設立，爭奪顧客。

7-ELEVEN 商店顧客多，生意繁榮，但其中也有幾家比較缺乏表現的商店。

這些店內有自家店競爭，外有其他連鎖店圍剿，或由於停車不便、離主要道路稍遠、因建築物改變使賣場面積縮小、商品陳列狀態不佳等等。比較來看，多屬於加盟店歷長、初期開發的商店。

最近有些商店推出日用品陳列架，因庫存減少的影響，使缺貨情形嚴重。也有些商店給人的印象已非便利商店，而是速食店。另外，也有些加盟店疏於貫徹親切待客的基本項目。

其他連鎖店為了爭奪利益，往往在 7-ELEVEN 店附近開標準店（賣場面積三五坪，附停車場），開始衍生市場佔有率（market share）。

這些連鎖店給人的連鎖店印象比 7-ELEVEN 遲，他們在地點、商品、從業人員應對等方面，都具有相當水準，如果將招牌換一下，說是 7-ELEVEN 也不會有人懷疑，便利商店系統向上。

例如首都圈地區，家庭商場在好地點開店，銷售的飯糰連其他連鎖店的人都說好吃。

說到包手卷，必須以嶄新方式包，若不小心就會失敗（紙和飯沾黏），也曾發生受到惡劣批評的現象（之後不斷改良）。

在此，為了擴大與其他連鎖店的差異，會在其他連鎖店開店預定地加入自己的店，變成過度優勢化，形成自家店競爭的局面。

的確，過密的優勢會使連鎖整體銷售量增加，但反過來看，也是造成加盟度銷售額低下的原因。而且，與其他連鎖店競爭，可以借力使力；但和自家連鎖店競爭，力氣便會削弱，成為不平不滿，對總公司的信賴也會發展成敵對關係。

優勢化戰略一旦失去平衡，將對總公司造成很大的難題。

另一項課題是，關西及東北地盤的穩固，以及向北陸進軍。尤其是關西方向的進軍遲遲沒有突破，根本無法達到全國稱霸的狀態。另一方面，做生意的方式、消費者的想法不同。在零售業中，首都圈與關西圈猶如二個不同國度，商業習慣成為妨礙優勢化的最大理由。

姑且不論與競爭對手之間誰勝誰負，一九八八年九月與早藤商事的業務合作就令人吃驚。當初，店名不是用『7-ELEVEN』，而是使用早藤商事的子公司，京都蘋果公司的『食物・蘋果』名稱。這次合作根據判斷，有以下二項目標：

①稍微觀望，將關西圈開店往後延。

②相反地，拉一條通往關西圈的軌道。

不管是哪一項，都是專利權的原則下學習關西商法。準備開店環境一氣呵成集中開店的 7-ELEVEN 商法，也通用於進軍關西目標上。反過來說，假使失敗了，至少店名是『食物・蘋果』，不是『7-ELEVEN』，對消費者的影響比較少。而且就算不幸失敗，也可當成一種教訓，重新訂定新策略，達到前進關西的目的。當時大概認定此為一石二鳥之計。

但早期店名改為『7-ELEVEN』，正式前進關西地區，卻沒達到預期成果。不過在一九九五年的阪神大地震中，可說是不幸中的大幸，幾乎沒受到什麼損失，反而還因提早獲得援助而聲名大噪。

東北的情況，青森、秋田等的伊東由加堂店鋪已經在此進出，北海道以南、宮城以上，是隨時可以進出的地區，指日可待。

此外，北陸地區全體民力不弱，應該優先進出。於是便利用「7-ELEVEN」的知名度，成功地採取優勢化，擴大版圖戰略奏效。

3. 獲得加盟店的方法

雖然同樣母公司都是零售業，但 7-ELEVEN 和其他零售業連鎖本部，獲得加盟店的方法有很大不同。其他零售業連鎖店的場合，是進行『地區評估』＋『商圈調查』，依過去的實績判斷成功的可否（投資效果），向加盟店提出未來預測Ｐ／Ｌ（損益計劃書），以吸收加盟店。

最近，其他連鎖店也加入看板等視界性、對開車購物者的接近性、商店負責人人格（家族構成等），改變評估方法，以更謹慎的方法挑選加盟店。

相對於此，7-ELEVEN 當初是以——

- 人的資質評估。
- 地域條件。
- 商圈調查。
- 資產狀況（物件）。
- 業績預測。

……等檢查項目（日本式的沙斯蘭德公司檢查項目）為基本，加上綜合評價挑選加盟店。

尤其考慮到加盟後的營運不可發生障礙。例如，對家人組成（參與店舖營運者）、夫妻感情、鄰居評價、資產狀況等不接觸個人隱私方面著手調查，選定營運上不會產生問題的加盟店。

這些是第一次審查。第二次審查（佔大部分）是與加盟申請夫婦進行面談，之後才做決定。

像這樣嚴格進行事前調查，加盟後的問題才會降至最低。目的無非是希望所有加盟店都成功，因此，在體制上必須做萬全準備。話說回來，即使審查如此周詳，還是有虧損的店存在。

・競爭商店林立。

・適當規模（賣場面積三十坪）以下的加盟店。

・流通人口的變化。

……等理由之外，在經營委託店的狀況（土地、建築物為總公司所有），也會產生短期換人經營的情形。

但相對於其他連鎖店，虧本商店算是很少的了，而且從業人員的態度、教養，幾乎都不必糾正，得到顧客頗多好評。

負責人一個人的人格，可以改變一家店的氣氛，所以 7-ELEVEN 非常重視『負責人人格』審查。

在此提供一項實際情形供各位參考。筆者在數年前，曾調查某家連鎖便利商店的夜間勤務。

茲列舉當時狀態如下：

〈檢查不佳〉

- 不確認貨品數量，只檢查傳票。
- 罐頭、拉麵等製造日期沒檢查。

〈陳列不徹底〉

- 補充商品在通道堆積如山，妨礙通行。
- 貼在商品上的標價與發票價格不符。
- 便當、麵包等到貨後沒立刻陳列出售。

〈對於廢棄物無意識〉

・便當、飯糰等由機器進行日期品管（銷售比四～六％的廢棄傳票）。
・訂貨負責人與廢棄負責人不同，不檢查日期、時間就丟棄。

〈服裝、打扮、言詞不佳〉

・勤務態度懶散。
・頭髮太長（不修鬍子）。
・不穿制服。
・回答不和藹。
・深夜原則上有二名排班，但事實上輪流睡覺（只剩一人）。
・辦公室桌上的商品混亂沒整理。
・聯絡簿上「缺頁」、「漫畫」亂七八糟。

……等等，這些只是一小部分而已。

像這種情形，必須從負責人再教育，否則還是取消深夜營業比較好，反正也賺不了錢。

事實上，這些店舖後來多半停止夜間營業，或由店長對打工人員進行教育，教授深夜營業方法，使店舖恢復正常營運。深夜營業連鎖店，通常都只有工讀人員，而負責人的態度對從業人員態度影響很大。

加盟條件當中，重視『負責人人格』的 7-ELEVEN，比其他連鎖店對從業員對策領先一步。

4. 支持系統化加盟店的體制

協助加盟店營運的人，稱為營運顧問（operation field counselor）。眾所周知，這些人在研修中心接受 7-ELEVEN 系統教育，將年輕人一批批送往第一線，讓他們嘗試新事物，以吸引顧客惠顧（store loyalty）。

其意義在於活用年輕人積極的「挑戰精神」，降低平均年齡，使職場充滿朝氣。

營運顧問這分工作，與其他戶外工作一樣，需要強烈肉體勞動要素，若非對體力有自信的人，恐怕難以勝任，所以越年輕越好。

嘗試新事物，不僅需年輕條件，或者「經驗的否定」，還得有平衡的理論性思考，以及達到成功的環境。從職務內容來看，擔任連鎖總公司與加盟店之間重要橋樑的營運顧問，必須具備理解系統、經營經驗、對變化敏感、人際關係、說話術等各項條件。他可以是連鎖總公司的代表、消費者的代言人，對加盟店經營提供協商，負有使商店興隆的使命。

最近加盟店增加（一年五百家左右），所以每年至少需要增加五十位營運顧問。再加上退休人員的補充，每年產生一百位左右新人。

由於教育時間（含經驗）缺乏，有些公司採取速成栽培法，不重視研修中心的基礎教育，只進行若干ＯＪＴ（現場教育），就被送往第一線當營運顧問。這些速成班出身的營運顧問，是不是能提供加盟店在經營方面的協助，實在令人擔心。

尤其不知道他是不是會變成只是擔任傳達總公司聯絡事項及加盟店希望事項的「送信郵差」而已。

加盟時間長的商店，也有提高銷售量的煩惱，由於權利金比其他連鎖店高，加盟店當然會找營運顧問商量。也有比較特殊的例子，有些加盟店會與前任顧問（含退休者）電話聯絡商量營運狀況。

加盟店通常要求營運顧問的品質，以及商討內容的密度，但急速擴充規模，又要維持顧問品質水準，就有點困難了。

我有機會造訪各領域（便利商店、漢堡店、餐廳）之連鎖總公司，並與高階層人員交談，經常被問道：「7-ELEVEN 加盟店激增，要確保公司人才不容易吧！尤其是申請手續等作業很麻煩吧！」

這些公司也有店鋪激增的優良企業，但總公司人員並沒有因店舖的增加而增加，只有在必要時與人事部協調派員協助。

7-ELEVEN 的總公司人員問題也是如此，但各分野訂有基準值（目標數值，當然每年調整）。

例如：

①進出新地區時的加盟確保店數。
②ＩＤ／Ｏ（地區事務所）內的店數。
③ＩＤ／Ｏ（地區事務所）內的組織構成人員。
④ＯＦＣ（營運顧問）一人負責店數。
⑤會計（店舖事務人員）一人負責店數。

……等等，細部訂有明確基準數值，可以不經麻煩手續而增加人員。

當然，這些數值因機械導入及生產力提高（系統改善）而重新調整，在營運上的管理面及經營效率面，設定最經濟、合理的發揮空間。

再回到前面的例子，營運顧問採取直行直歸（自宅至加盟店）制，保留D／O這個組織名稱，與在複數D／O內處理加盟店事務（主要是人力作業）的事務所統合起來，這樣可提高與加盟店的緊密度，而且事務合併可以節省經費。

雖然節省經費，但得在不降低對店舖的服務水準前提下進行。

像這樣在加盟店增加時，以營運顧問為首，連鎖總公司人員增加的方法，並不是單純的增加人員而已，還需與一定時期依理論調整基準數值（讓每個人了解）的作業併行。換句話說，各種作業（增員請求的各種統計資料）必須透明化，防止障礙發生。

但在便利商店急速增加，競爭激烈的情況下，營運面也以人事費用為中心，成本不斷增加，無法達到預期盈收的加盟店越來越多。

7-ELEVEN 對於少數不伐算的加盟店，或未來沒有成長空間，可能導致虧損的加盟店，在契約更改（十五年契約）時機，勸其導入「最低銷售額保證制度」。

在本來即對加盟店設有純益的場合，配合其不足部分由總公司填補的「最低保障制度」，對於業績不如預期延伸的「不振店」，利用代替地等積極改建、更新設備，這就是「最低銷售額保證制度」。藉改建、更新使加盟店活性化，增加銷貨收益。目的是使不伐算的加盟店減至最小程度。

5. 為什麼目標是地區第一商店

當初以賣酒為主要目標的加盟店增加，在一定地區優勢化方面得到成功，但連鎖整體從超過一五〇〇家店的一九八三年開始，不振店就開始明顯呈現。原因是在公司成長的同時，也具有知名度的情況下，營運顧問說服容易取得契約的商店（現業不振或第二手、第三手），只以增加店舖為意識。

一開始的對策是用電腦預測銷售情況，但因地區選擇精度不良，所以選定地區一改再改。新進人員的調查、評價也常出現誤差。

為什麼呢？因為地區、客層、商圈範圍、入店率等條件，每個店舖不同，即使立地建物等硬體條件相同，顧客的感覺、入店動機也不同，結果只不過是配合數字的預測而已。在此，為了維持品質，超過 7-ELEVEN 基準的地區繁榮店（第一商店）深深掌握做生意的訣竅，頗受顧客信賴，就算換上其他招牌（7-ELEVEN 店或其他營業型態），還是能維持第一形象。因此，總公司鎖定的新會員目標，是當地第一名商店。

然而，這些店目前很賺錢，變更為 7-ELEVEN 的意願低，不太想成為加盟店。

本來營運顧問的任務是調查店鋪、預測銷售狀況、利潤等，並說服候補商店（以調查為主體），這時必須增加提示，讓店方了解變更為 7-ELEVEN 商店之後，利益計畫增加情形，以此為說服主體，使優良商店增加。

與其簡單說服不合 7-ELEVEN 基準的商店成為加盟店，事後才因業績達不到目標而煩惱，不如在吸收加盟店時辛苦一點，努力說服其成為加盟店之後，未來的辛苦就減少很多。

第三章　從商品戰略看革新

☆確實掌握現在顧客需要，站在消費者的立場選擇、開發商品
（盡早因應顧客的需求變化）
☆提高商品價值
（銷售商品的陳列……減少店內庫存）
☆蛻變為有品牌機能的零售業
（包含鮮度維持管理）

1. 商品選定政策∥多品種適正陳列

現在高水準的便利連鎖店，其商品陳列都大同小異，除了商品品質、鮮度之外，幾乎沒什麼差別，但過去 7-ELEVEN 和其他連鎖店就有很大差異。

第三章將著眼於 7-ELEVEN 有關商品的革新。

關於商品革命的歷史，往往表現於『和製造商戰鬥』，但 7-ELEVEN 的思想完全不同。

製造與零售業的上下關係顛倒不是目的，而是藉由店舖的市場資訊（販賣時點資訊）與外界資訊，站在消費者的立場成立獨自假設，以此為基準選定商品，進行品質、鮮度管理，提供消費者想要的商品。

與此思想發生共鳴的製造商，一邊與 7-ELEVEN 協調，一邊在品質方面切磋琢磨，合作開發配合顧客需要的商品。結果不但促進業者本身體質改善，還在商品供應計畫（merchandising）下，開發出為數眾多的新規商品。

有關商品的革命，最初是商品選定。一般人可能認為賣場面積二十坪大的商店，陳列三百項單品就呈現飽和的狀態下，怎麼可能在賣場面積三十五坪大的店鋪內，陳列三千項單品呢？然而，在商店、超市、百貨公司打烊後，仍然不會對生活造成不便的條件下，的確需要三千項單品，這種多商品陳列也是便利商店開店的絕對條件之一。

當時光是選這三千項單品就大費周章了。何況還得面對供給、陳列、訂貨等問題。

在這麼困難的情況之下，7-ELEVEN 以顧客為目標，研究其生活型態，並試著賣一品種少品牌（例如速食咖啡只賣威爾斯咖啡）商品，使三十五坪賣場面積達到展示三千項物品的可能。但還有一個新問題，就是一天大約有三十　五十家廠商送貨，店鋪驗貨（事務處理）非常麻煩，所以以販賣優先的營運為方針。

在此，將二百家左右進貨廠商集中為三成左右，五十～六十家（當時是一項大革新）。

而且，7-ELEVEN 商店值得注目的是，九成以上商品陳列於商店內。

2. 價格政策的進攻

當時為了喚起消費者的購買慾，需要有大量陳列造成的量意識。陳列架高度只到頭部，讓顧客看見整間店面，而且為了陳列三千項單品，所以每項單品的陳列量不可太多。

陳列量既然不多，就得遇到商品立即售盡、必須隨時向廠商訂貨的問題。而且因為貨量不多，物流費用增加，很難得到高折扣，所以 7-ELEVEN 是採取獨自設定訂價的販賣方式，向加盟店提示價格。

這些商品假使庫存太多，發生滯銷情形，基本上也不以折扣方式促銷。

這項價格政策是總公司與加盟店應該嚴格遵守的條件，也是一種革新。

「滯銷品降價求售」、「不論賣不賣得出去，反正先進貨看顧客反應」的傳統方式，變化為「只陳列暢銷商品（量）」的攻勢。

於是陸續向廠商提議每天進貨、小量進貨、共同配送等方式，在廠商的協助之下（不提高價格），克服進貨問題。

另一方面，加盟店必須正確掌握顧客需要與商品銷售量，總公司則站在提供資訊、系統的立場（ＰＯＳ系統的開發）。

利用大眾傳播等，掌握年輕層顧客，並分析購買動向，進行新商品試賣（限定地區），觀察其結果向加盟店推薦商品。除此之外，也利用ＰＯＳ（販賣時點資訊）系統管理每家加盟店的販賣動向，以將損失（廢棄、降價、機會）縮減至最小限度為目的，維持總公司及加盟店健全經營。

即使在商品降價求售，吸引顧客購買的破壞價格（這是大部分零售業最常使用的方法）情況普遍的今日，7-ELEVEN 還是以符合品質的適當價格為原則。

3. 從採購看革新

在有關商品的革新中，很多人知道 7-ELEVEN 對商品調度、供給方法的各項革新。其中一定有許多讓習慣日本式生意者感到衝擊之處。『直向流通（製造廠商）的破壞』就是一例。

原來，商品的調度方法是由製造商進行，擔任製造商品、物流業務，向連鎖總公司銷售商品，再送貨至店舖，一般不會接觸到競爭廠商的商品。這種方法會產生各種弊害。

例如：

①製造商的營業員只賣自己公司的製品（無視品質好壞及顧客需要）。

②營業力強的製造商，與零售商的上下關係意識重（在進貨的場合，使用配額）。

③月底不讓零售商進貨（營業所庫存調整，與廠商洽談回扣後才進貨）。

等等。

除去這些弊害（對顧客），為了確保加盟店的利益，7-ELEVEN 首先著手「集中廠商」革新。這將在第四章物流關係，及第三章第5單元介紹。

此外，在進行這些革新時，一點也不會對便利商店及總公司造成影響。

一九九四年度，商店銷售額順序（「日經流通新聞」發表）如第一章圖表9（只有十家）所示。

由表中得知，便利商店業態，以包銷權方式展開的類別有四種，特徵如下：

①**零售業**

・以大型超市為中心，幾乎所有企業都參與便利商店業態。

・以顧客需要選定商品，加上待客方式、銷售技巧等，使業績順利延伸。

・關於經營技巧，與其從合作公司、母公司移入，不如參加其他系列「一日之長」。

②**批發商**

・配送力（對店鋪直接進貨，與負責人、從業員接觸）比其他系列優位。

・本公司商品銷售據點多，連鎖化（自願連鎖）場合多，危機感組織化為實態。

・為了吸收各種技巧，「企業體質變革」、「架構入門技巧的投資」、「理解使用方法的期間與人材教育」等課題多，結果傾向越來越衰微的情況。

③**製造商**

・每天向各店鋪配送商品，具有物流系統技術的製造商善戰。

・商品製造能力優，有品牌，資金、人材也豐富。但由於只是商品分野的一部分，所以欠缺店頭化商品平衡感。

・無法從優位主義（包含市場資訊等）及傳統企業蛻變的連鎖總公司，陷於苦戰中（增加本公司商品銷售、設立商品市調處、高齡化對策等，缺乏正式與對方戰鬥的架勢）。

④獨立系統（含不同業種的加入）

・以ＴＶＢ（太陽連鎖）、尼可馬特為代表，「武家商法」最後只得慘遭自然淘汰（與其他企業吸收合併）、破產（不動產等投機失敗）的命運。

・只不過像尼可馬特股份有限公司的組織戰略，不以複數批發商、製造商等地區包銷制組織的連鎖為副業，貫徹地區密集化，展開便利商店的場合，就有伸展的期待（但連鎖總公司與地區包銷商一體化與協力體制，以及連鎖本部指導力等總公司的「一組織管理能力」優劣與否，是另一項課題）。

・不同業種（石油製造等）的加入是在嚴格狀況下。ａｍ、ｐｍ等加入爭鬥得很厲害，其實總公司的實際狀況很嚴格。

現在的勢力分佈，是以零售業出身的位於優勢，但批發商、製造商、獨立系統等，也想破繭而出，變更想法（以顧客為導向的市場），於是連鎖總公司在便利商店方面掀起大戰。

為了進行連鎖營運，必須先確立理念、政策、營運方針。

一般而言，營運需要以下技巧：

〈連鎖營運政策〉

・確立連鎖印象

・店舖開發戰略

・人員培育（教育課程）之確立等。

〈店舖營運技巧〉

・補充、招募（獲得店舖）

・經營管理（經營指導）

・商品供給（開發、選定、物流）

・店舖管理（從採購至販賣）

・系統、教育（人材培育）

・宣傳（提高知名度）、其他

等等。由於連鎖總公司的不同，得意領域也不同，技巧上的差異很大。

7-ELEVEN是零售業（伊東由加堂集團），但不執著於店舖營運（從採購至販賣、店舖經營），積極加入批發、製造等方面。換言之，從零售業的立場伸入批發相關之商品供給、製造關係之手法及製造、生產等理論，確立屬於自己公司的方針。

7-ELEVEN意圖在綜合力上與其他連鎖店形成差別化，也就是『配合顧客需要』的戰略，以總體制（total system）架構為目標。

在此總體制架構中，特別引人注目的是『向製造、批發機能挑戰』。

便利商店是流通業，但連鎖總公司並非流通業種組織，變身為包含複數業種（流通、製造、金融、經營管理）或業種間模糊部分機能的企業。

以前市場調查、商品化計畫、製造均由製造商擔任，批發商（一部分是製造商）將商品賣給連鎖總公司（成功賣進後則擔任物流），連鎖總公司選定這些商品推薦給加盟店。加盟店配合本店顧客需要，店頭化（陳列）販賣。現在許多連鎖店仍採此方法。

在責任分擔上，連鎖總公司可以逃避責任。

①商品發生不良……製造商的責任。

②商品無法交貨……批發商的責任。

③商品賣不出去……加盟店的責任。

等等。連鎖總公司只能傾聽苦水。

然而，這些本來都應該是連鎖總公司的責任。7-ELEVEN當初因為沒有附加製造商機能，所以態度上顯得有些模糊，但最近開始往——

・飯糰
・便當
・三明治
・佃煮（蒟蒻、豆腐、芋頭混煮的一種菜）
・泡麵

等，在鮮度維持、味覺要素商品管理上最困難的方向邁進。並且在過程中累積技巧與經驗，確實達到『提供美味安心商品（總公司負一切責任）』的體制。

〈連鎖總公司的責任（商品）〉是：

・配合顧客需要的商品企畫。
・值得信任的商品製造。
・可以保持品質的物流。

・定時送貨的時間安排。
・維持鮮度的器具設置。
・徹底鮮度管理。

「一切商品相關苦水都向連鎖總公司反應」，但實際上，連鎖總公司事前有必要將所有對策說明清楚，減少各種問題發生。自己公司附加製造、物流機能，以圖與其他連鎖店的差別。

4. 商品改廢政策（新商品早期店頭化）

店舖商品中（三〇〇〇～三五〇〇項單品），一年改廢數量的一半（一五〇〇～二〇〇〇項單品），每個月也差不多改廢一〇〇～三〇〇項單品。這些商品由總公司推薦，店舖要更換需要相當的勞力，但其結構也包含種種革新。

例如：

①排除死路一條的商品（POS〈販賣時點資訊〉系統的導入）。
②新商品介紹書與替代商品商議（圖面商品說明與現場說明）。

等等。

與其他連鎖店相比，7-ELEVEN 採用新商品的速度快得驚人，改廢過程平順。理由有：

①資訊、大眾傳播系統的支持。

②徹底檢討推薦商品。

③營運顧問的說服力。

等等。

7-ELEVEN 的便利系統，製造出有效運用便利商店的結構，更進一步掌握重要的環境變化，經常加以改善，以至於完備狀態。

其他連鎖店的場合，即使造作出相同的結構，經過一、二年後，也會因腐化而不穩定，後續必須辛苦地花很多時間在構築系統上。

7-ELEVEN 在決定「應該能做到的事每個人都應該做到」的結構後，會不厭其煩地進行追蹤。這種追蹤（follow）體制（由營運顧問擔任）也單純地成為理所當然的結構（系統）。

只不過，總是說「理所當然」，卻也並非簡單、容易。事實上，為了使店舖圓滑地運作，非得有細微的考慮不可。

以設置在櫃檯的收銀機為例，就有許多必須考慮事項。各位大概注意到，店舖一定設有二台收銀機。以銷售金額（日營業額五十萬日幣左右）、顧客人數（一天約七百人）而言，只要一台收銀機就足夠了，但為了不讓顧客等候，所以多添了一台收銀機，同時也是應付故障的良策。

不管性能多好的收銀機，一年總會故障一～二次，這時候，只有一台收銀機的商店就麻煩了，而且會對顧客造成不便。

然而，二台同時發生故障的機率是三六五×三六五分之一，連一天都沒有。

其次是便利商店替換商品，是增加顧客光臨的重大要素（尤其是鮮度面）。改廢商品需要在收銀機輸入單品資料，以及銷售時點的資料管理（ＰＯＳ系統）只不過，輸入商品代碼很費工夫，也容易發生錯誤，使資料的精確度大受影響。

於是，便在各個商品上印條型碼（ＪＡＮ），用掃描器（touch scanner）自動讀取商品資料。如果沒有貼條碼的商品，就用控制板（touch panel）登錄商品資料。

如此一來，任何人都可正確操作機器，不使商品進出發生錯誤。

此外，為了單品資料分析、訂貨作業等，必須在店舖後方辦公室設置商店檢驗員（電腦）。而操作電腦的鍵盤也只要按必要鍵及數字即可操作。

像這種整體結構值得矚目。

另一方面，在導入新系統之際，必須提供『話題』以提高氣氛。

・終端機（訂貨處理機械化）。

・國際通信衛星組織（INTELSAT 採用新通信技術）。

・EOB（送貨簽收）。

・POS（全店採用銷售時點資訊管理）。

・圖表式電腦（數值分析圖表化）。

除此之外，必須徹底執行事務的分散管理（各地區辦公室的入出力終端裝置）。如果這些缺乏大眾傳播提供話題，恐怕就沒有今日的 7-ELEVEN 形象。

在導入新系統時，除了向大眾傳播媒體提供「這是便利業界第一項嘗試」的話題之外，更必須有利用先進技術繼續系統改革的認識與責任感，達到使從業人員在不知不覺中熟悉的效果，徹底實現系統化。

在商品改廢中最麻煩的事是，廢除商品擺在陳列架上，使新商品無法陳列的情形，結果導致賣場（陳列架）陳腐化，商店形象不佳。

在對策方面，7-ELEVEN 首先指導商店將陳列品售完，如果怎麼也賣不出去的話，就由總公司收回（並非一定得收回），使新商品順利進駐。

5. 對等系統的企畫商品開發

一般而言，『個別商店對應商品』在商品種類、數量、陳列方法、販賣方法等方面都有其特長，通常以商店想賣的商品為中心。結果因銷售技術之優劣，而形成繁榮店、低迷店二種差異。

相較於此，7-ELEVEN 商店的商品種類，是經過複數商店的調查，幾乎不見應付各別商店的商品（免稅商品〈酒、煙等〉除外）。因此，各商店的陳列不一，各店之店鋪主張不同。

但仍保有『7-ELEVEN 商店』的共同氣氛，讓人一踏進店內就吸收到××店的店舖主張。

雖是連鎖店，但卻是獨立（加盟）店的連鎖型態，連鎖總公司與加盟店的責任分擔必須明確。

其他連鎖店的場合，假如商店負責人希望『自己進貨』，總公司在不得不答應的情況下，造成只有店名相同，之後即零零散散的店很多。連鎖總公司應該在商品供給上徹底執行。

如前章所述，7-ELEVEN的「自己商店進貨」必須符合連鎖總公司的品質基準，嚴禁任意採購，以維持一定的連鎖形象。

在此，保持連鎖形象很重要的是，向加盟店推薦商品，在推薦商品上，連鎖總公司有一定基準。

①適合顧客的商品（使顧客上門）。

②品質與鮮度（選定製造商）。

③值入率（三十～四十%的範圍）。

④商品構成平衡（不偏向特定品種）。

⑤不損壞連鎖形象的商品（黃色書刊）。

⑥連鎖政策商品（市場調查）。

等等。對於各種新商品的選定，應在各項檢查之後才向加盟店推薦。

通常保持推薦三五〇〇項左右商品，在此範圍內，加盟店針對顧客需要選定三〇〇〇～三三〇〇項左右商品，並配合顧客需要陳列，從數量調整上顯現出店鋪的個性化。換句話說，經過連鎖總公司嚴格篩選出的商品，加盟店可安心訂貨。

其他加盟店的情形，是盡可能擴充商品數（五〇〇〇～六〇〇〇項單品），讓各店鋪自由選定，為個別商店對應法。

這二種方法，贊成與反對意見都有，但既然採用連鎖經銷系統，為了維持連鎖形象，並排除店鋪營運上的不統一，還是以前項方法為宜。因為即使只是決定各商品的訂貨數量，負責人每天就得煩惱了，如果再增加挑選商品作業，負荷更大。

訂貨精確度（對應顧客需要）低下，會造成店鋪形象、連鎖形象受損。

7-ELEVEN在嚴格選擇商品之外，更注重從『提供銷售商品』至『值得安心提供的商品』推薦之變化。

『值得安心提供的商品』不僅是自然品牌（一流製造商的製品）的商品，更得在品質、味覺面讓消費者充分反映意見，委託一流製造商（味之素等的子公司）製造，徹底維持品質及鮮度保存。

例如，漢堡就是個好例子。

剛出爐的「熱呼呼」漢堡很好吃，但買回家冷掉後就差很多了。就算是最有名的漢堡店做出來的漢堡，一旦冷掉後就和其他漢堡沒有什麼兩樣。

7-ELEVEN開發出即使冷掉後仍然美味的漢堡。的確，試吃之後發現，用微波爐加熱後很好吃，冷冷吃也很好吃。

以漢堡為代表的速食商品，不僅講究量、質、價格，連味覺也很受重視。之後陸續登場的有冰淇淋、麵包、三明治、泡麵等新商品。

從以年輕人為對象的商品，往符合主婦標準的『美食商品』開發，以圖與其他連鎖店差別化。

連鎖商店（主要是超市）有自己公司品牌（商店商標、自家商標），自己設計規格明細表，委託製造商製造、販賣的PB（private brand）商品。這些商品不但價格低，而且品質（含味覺）佳，本來應該很好賣，但事實卻不然。

理由有許多，大致為：

①經由二、三手製造商製造。

②設計不佳。

③便宜無好貨。

等等，結論是由於價值不足。

此價值不僅是商品所具有的價值，還加上企業或店舖形象，製造業者的形象等等。總而言之，顧客的評語不佳。

由於環境的變化，亦即從——

①做出來就能賣的時代。

②便宜就好賣的時代。

③價格相同品質好就能賣的時代。

到現在，已可稱為是擴散的時代、個食的時代，或者二極分化的時代。這是個很難掌握傾向的時代，採取舊態依然（頭腦想很容易懂，但不易實行）的開發政策之連鎖店，與配合時代潮流的 7-ELEVEN（此傾向為便利業界全體）之不同，反應在店舖成績上。

7-ELEVEN 即使在ＰＢ商品上，也委託一流製造商，安全、衛生、品質、容量等具有獨特性（反映顧客需要）。提高 7-ELEVEN 形象、提高『價值』，就可以獲得各階層顧客的信任。

換言之，選擇商品信賴性、安定供給度、知名度一流的企業合作，實施商品供給，使店舖形象與企業形象一起提升，因應顧客需求。

現在依下列體制製作商品。

①製造商從企畫階段即前來商議。

②與製造商共同開發（味之素、普林瑪火腿、HOUSE，丘比等）。

③素材與製造商一起計畫（鍋物……日清製粉、其克馬、普林瑪火腿等，公開企畫商品）。

那麼，對於製造商或批發商，7-ELEVEN要求的條件是什麼？

①商品的供給安定

・品質管理徹底、均一商品的製造。

・保管體制（鮮度維持管理）充實。

・物流體制（品檢、定時進貨）充實。

②有全國規模的物流根據處，或有在新進出地區設據點的能力（含資金面）之企業。

③積極於商品開發，而且可在短期間內開發。

等等。進一步，成為能與7-ELEVEN的思想、系統產生共鳴的企業。

當然，也加上一般交易所調查（經營姿勢、財務內容等）。但符合右記三項條件的企業，可能只是某種製造商，無法備齊全部商品。

在此，藉由物流業務的分離（共同配送中心、採用專門物流業者），減輕製造商、批發商的負擔，變革為專注於『在品質管理（衛生）嚴密之處製造符合顧客需要的商品』之體制。

〈交易開始後符合的條件〉是——

①貫徹全店同一的服務。

②均衡的商品供應計畫。

③提供市場情報的收集、分析。

④企業內革新（數字整理〈digital picking〉等的採用）。

⑤鮮度維持管理的徹底。

⑥提供製造過程。

另外，訂貨方法也有很多革新。

營運顧問到加盟店進行回收不僅麻煩，發行總公司傳票的電腦（操作員）能力也是問題，為了讓加盟店的訂貨正確傳達到批發商處，第一章已經提到在日本電氣的協助下開發出終端設備7。

加盟店用光筆讀取印在商品原始帳簿上的訂貨單及數量卡訂貨，使用電話回線傳送至總公司的中央電腦，在傳票形象上加工後傳送至各批發商。

不經由人手，加盟店的訂貨資料就可以傳送至批發商處，可以達到訂貨正確化與迅速化。從物流方面來看，縮短訂貨至進貨的周期、減少進貨錯誤（商品、數量）、減少物流成本等，不論加盟店或總公司、批發商，均大受其惠。

此外，訂貨資料正確傳至批發商，可使未送貨、誤送貨的原因明確，對於釐清商店與批發商責任歸屬方面，也是一大進展。

藉由這些結構，陸續衍生出各種物流相關革新。

第四章　從物流戰略看革新

☆**物流成本削減**
（共同配送等構成有效率的配送系統）
☆**即使發生不測事態仍能準時進貨**
（在決定的時間進貨使店舖作業平常化）
☆**鮮度維持管理與現吃狀態的陳列**
（即使配送階段仍能防止商品惡化）

1. EOS訂貨結構

在連鎖總公司的任務當中，擔負重要機能的商品供給面，公司設立當初一直出狀況。當初的訂貨方法是電話式，手續為：

①在訂貨原始帳簿中記入訂貨數量、庫存數量（不同欄、誤記等）。

②用電話訂貨（說錯、聽錯、寫錯等）。

③手寫傳票進貨（寫錯、計算錯誤等）。

除了這些錯誤之外，店舖數不斷增加，為事務作業帶來困擾。

因此，一九五二年二月起，採取沙斯蘭德公司實施的「傳票訂貨（slip order）方式」。

這種傳票方式，是在訂貨原始帳簿數量記錄欄處加入帶點線狀孔，利用此孔將各星期的訂貨數量區分的結構。營運顧問方便回收，地區事務所也能掌握商品數量、成本。電話方式的②與③已經大幅修改，但新的問題是輸入錯誤及作業量增大，無法根本解決。

於是，開發出利用電話的終端機訂貨（terminal seven）。在加盟店進行訂貨處理後傳送至總公司，利用總公司的電腦處理傳票，向各批發商傳送傳票資料。「終端機訂貨」的開發，大大削減訂貨成本，為了更「思考型的訂貨」，改良為EOB（帳簿內藏型電子式訂貨終端機）。現在感覺是理所當然的結構，但當時是沒有VAN（附加價值通信網）中心等的畫時代嘗試。

2. 商品小量進貨

因訂貨系統電腦化，使加盟店、批發商作業省了不少力，並且從訂貨至送貨的流程也大幅縮短，配合商店終端機的設置，批發商的物流成本也大幅減低。

本來連鎖商店的對策是，如何使訂貨作業（訂貨單）精確，如何正確進貨，努力於改善訂貨至送貨的過程。但 7-ELEVEN 不受此概念拘束，在商品供應計畫中加入生鮮食品。

對於加盟店而言的源頭是訂貨，對於批發商而言，必須考慮到訂貨商品的店舖別區分，排除缺貨、誤送情況，並配合需要少量高頻度訂貨，維持商品的鮮度。需要考慮減少庫存及高周轉販賣等，觸及加盟店經營基本之問題改善。

配合7-ELEVEN內部的改善，批發商內部也協助改善，落實共存共榮制度。

7-ELEVEN一開始要求批發商協助的就是少量進貨。加盟店依銷售情況及庫存狀態決定訂貨數量，即使訂貨二、三個亦可（製造時點的梱包單位）。

舉個比較極端的例子，口香糖一組有一四四個，但加盟店只需要十個，若進貨一四四個會造成庫存過剩，因此，一組一四四個可以分為十二組，每組十二個，分成小包裝。

只不過，這樣做會使好不容易降低的物流成本提高（小包裝費用），或造成批發商的負擔，無法根本解決物流成本。

7-ELEVEN為了吸收物流成本，在向批發商提出革新（下一次之後敘述）的同時，也向製造商提出建議，從製造階段開始削減成本。

一部分製造商以生產效率優先等為理論，跳脫不出傳統保守的想法（無法依訂貨生產）。但根據7-ELEVEN獨自的調查，製造出來的商品當中，十～二十%當成廢棄物處理是現狀，小包裝化可減少廢棄處理商品，減少資源浪費。製造商的目的無非是使製造成本降低，7-ELEVEN也以此為出發點，尋求製造商的理解，以適當的

商品供應計畫

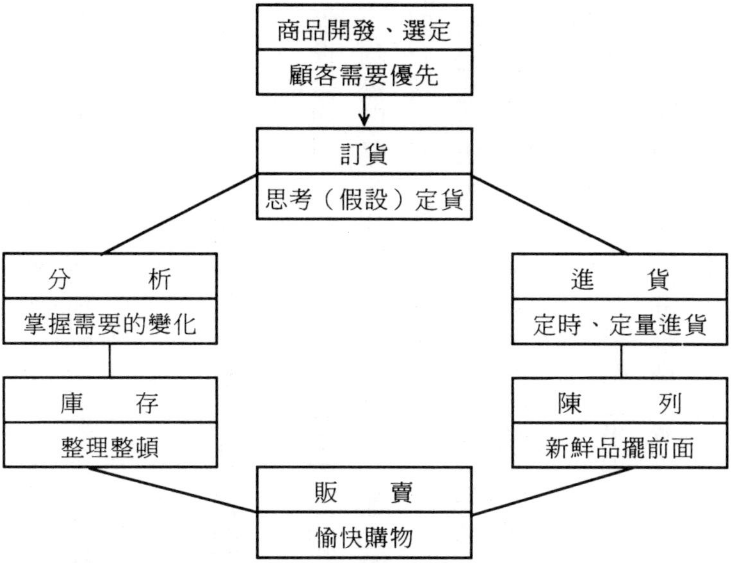

＊商品供應計畫的基本，完全以顧客為優先（需要、價格、品質、鮮度等）

商品供應計畫	重　點
1. 商品企畫、選定	內外部資訊／假設
2. 訂貨	無銷路資訊／地區事件／假設（天候等）
3. 進貨	共同配送中心／鮮度維持／驗收／檢查商品
4. 陳列	容易購買／清潔感
5. 販賣	正確計算／明確應對
6. 庫存	使用期限之整理／鮮度（日期）優先（廢棄處理）
7. 分析	假設的檢證／單品管理／利益管理／商品知識

圖表 12

價格安定供給商品為目標。

現在幾乎所有製造商都視小包裝生產為理所當然，但之前卻已花了十幾年工夫才達成此目標。

3. 配送的效率化政策（共同配送化減低成本）

從批發商口中經常聽到，7-ELEVEN有「give and take」的精神。以物流戰略來比喻，如果批發商、製造商的小量進貨是「give」，那麼「take」的部分就是共同配送化的提案。

每個地區決定核心批發商，在此批發商的腹地內，或各批發商共同設置配送中心，當地區內加盟店訂貨後，各批發商向配送中心進貨，配送中心分裝完畢送上貨車送至加盟店的提案。

提案當時，批發商有各種擔心事項，例如：

①與其他連鎖進貨商品混載感覺不佳。

②反而提高物流成本。

③以 7-ELEVEN 為優先的結果，導致對其他連鎖店服務程度低下。等等。但 7-ELEVEN 判斷各批發商也希望減少物流成本，所以可說在「半強迫」式下推展。

以牛奶為中心的每日送貨商品，東京的西區由雪印乳業、東京的東區以明治乳業擔任送貨，不僅本公司產品，連競爭對手產品也一起送貨的方式，的確在效率化方面成績卓越。

這種半強迫式的共同配送系統，當初的確受到其他連鎖店及批發商的批評，但後來其他連鎖店都了解共同配送系統的優點，並陸續採用此進貨方法，使業界全體享受此效果。

4. 多次配送、定時配送政策

在便利商店販賣的商品中，新鮮度要求最高的是飯盒、飯糰等米飯類、三明治類等等。

這些商品可說是便利商店的門面，現在已成為不可或缺的商品了。從銷售量可看出加盟店的損益及顧客支持程度。

應該在白天賣的商品，到了下午一點以後才進貨，那麼商店的銷售成績如何？不但賣不出去，結果只能當成廢棄物處理，影響利益。

另外，對於這些商品，消費者希望從製造過程至購買時間越短越好。為了符合消費者要求的條件，連鎖總公司嚴格要求在決定的時間將決定數量商品送至商店。除了鮮度保持外，時間配合也很重要。

7-ELEVEN 對於這些商品實施一日三次配送，讓加盟店習慣適當訂貨（減少廢棄損失，進入資料活用狀態），使業績蒸蒸日上。

配合顧客的飲食時間，提供最美味的商品，實現滿足的理想。

至於定時配送，可能遇到災害等意外，或交通阻塞等事件，對於這些危機管理必須徹底。幾年前曾試著挑戰直升機送貨及機車送貨，並一度引起爭議，一九九五年阪神大地震，充分顯示其成果（危機管理）。

5. 溫度帶別配送政策

7-ELEVEN物流戰略的最終目標，為達成配送效率化、多次配送、定時配送等項目，使消費者希望的商品都有效率地陳列於店頭。為了達到店鋪成為有效率的補給站，採取溫度帶別配送政策。

分為常溫、冷藏、冷凍三種商品群（當然是許多製造商的商品），各別混載於各車，配送至加盟店。

共同配送的效果很好，而且往加盟店的配送車一天平均十至十五輛，比其他連鎖店少很多，但卻能維持商品的鮮度。此外，以最少配送為理想，向此目標準備最齊全的環境。

其中之一是三井物產關係企業公司飛越車隊（Trans-fleet）。以交通阻塞嚴重的神奈川縣下為中心，當交通阻塞時即設定獨自的配送路線，即使車子拋錨、事故等也幾乎可按指定時間送達物品。

在採取與7-ELEVEN共存體制的情況下，向物流戰略的目標邁進。從神奈川縣下得到技巧之後，在交通阻塞嚴重的首都圈，也可利用無線電得到交通資訊，研究附近小路，趕上時間送貨。最後站在消費者的立場，構築兼備物流成本的最佳系統藍圖。

回顧這些與物流有關的革新歷史，就會令人想到7-ELEVEN的基本想法。亦即「以顧客為主的物流」。及時送達貨品、保持味道、品質、鮮度等為製造階段狀態，讓顧客吃得安心。結果增加訂貨、使周轉率提高、增加店鋪利益。

「定時、定刻送貨」、「溫度帶別物流」已成為7-ELEVEN物流戰略之基礎。溫度帶別物流是為了維持、提高品質、味道、鮮度，而特別重視溫度管理（尤其是米飯），分為以下四種溫度帶。

①米飯類（二十度）。

②牛奶、生菜類（五度）。

③冷凍食品類（零下二十度）。

④雜貨、零食類（常溫）。

為顧客製作味道鮮美的食物，並定時定刻配送，讓需要時的商品在可以立即食用的狀態下陳列，達到革新的目的。

在此有一個問題，就是製造商與批發商想法不同的問題。

許多批發商由於物流費用負擔加重，所以即使認為好也不願提高服務水準。也就是從物流成本觀點出發，無法跳出傳統體質。

7-ELEVEN為了維持良好的物流服務水準，會針對問題點檢討戰略。

例如定時配送——

①交通阻塞（事故、故障）

↓

縮短配送工廠至商店的配送距離（避免危險）。

↓

工廠地區的檢討與一條線的店鋪數（十家店減至八家店）。

②配送車故障（裝蓄電池、切斷風扇皮帶等）

↓

無故障車（依公里數、年數換車）。

↓

依 7-ELEVEN 的特別方法製造配送車。

⇩

③災害造成交通中斷（緊急對策）

⇩

利用摩托車、直升機送貨（溫度管理方面採用鋁箔盒）。

等等。無論何時何地發生什麼狀態，都以安定供給商品為第一目標。

接著檢討如何削減成本。

①共同配送（溫度帶別）。

②物流中心機械化（藉由數字整理削減人事費用）。

③配送車（特別製造可因大量訂貨而降低成本）。

④介紹油、輪胎、車子保養等製造商（降低成本）。

像這樣在維持高水準服務的同時，降低物流經費的方法具體實現。

7-ELEVEN 的物流戰略是「顧客至上物流」，徹底維持鮮度管理與供給安定。

第五章　從販賣戰略看革新

☆基本的貫徹與流通業的近代化
（提高生產力、活用資訊、缺貨是販賣業之恥）
☆從削減庫存進行鮮度強調及差別化的宣傳戰略
（水電費之八十％由總公司負擔）
☆因應變化的顧客需求
（養成每天看商品銷售變化的習慣）

1. 差別化戰略觀念為消費者導向

為了長時間營業，7-ELEVEN 店雇用許多從業員（包括計時工讀生），但光靠從業員就想轉變店鋪作業，相當困難。

要了解總公司提供的販賣手冊，恐怕就得花上一段時間，更何況，工讀生只依指示專工作，並不從事自主性工作。

為了教育、管理（作業指示）這些人，家人當中最好有一位加入實際作業，所以家族構成（店鋪營運參與者）備受重視。

三十歲後半至五十歲前半的夫婦，以及有高中以上小孩是最佳條件，經常有家族成員之一人在店鋪內，是 7-ELEVEN 的特徵。

符合此條件之外，還得配合長時間營業，至少上午七點至晚間十一點，共十六小時營業時間，或者全年無休二十四小時營業，儘可能提供「消費者安心與便利」。因此，7-ELEVEN 依照自己獨特的兼職系統，確保從業人員問題及教育問題。

長時間「全年無休」開店，對消費者提供便利性。此全年無休制在設立當初，也出現各種聲音，但在總公司要員「負責人代行制度」的對應下，現在幾乎沒有任何問題了。

另外，對加盟店負責人而言非常頭痛的帳簿、進貨、資金運用、廣告等企業經營不可或缺的部分，也因非常簡潔的帳票類提供，而使店鋪營運省力化，確立加盟店只要專心販賣的結構。

7-ELEVEN 送至加盟店手上的資料類有：

・採購日報（每天採購狀況一覽表）。
・日別庫存一覽表（店鋪每日庫存推移表）。
・商品報告書（店鋪毛利管理表）。

……等等，主要是每日配送商品為中心，活用資料。

這些商品銷售率越高，鮮度管理越好，就越得到消費者的支持。由於消費者購買每日配送商品以外物品的可能性高，所以特別得注重日配商品管理。

7-ELEVEN 對於每日配送商品，除了以機器檢查使用期限外，更徹底實施色、臭、包裝等綜合品質管理，始終站在消費者立場進行銷售。

此外，對於 7-ELEVEN 總公司推薦的商品，加盟店近一〇〇%陳列，商品常保新鮮狀態，對顧客而言，能以新鮮的心情購物。

2. 利益導向的庫存削減政策

現在各連鎖企業也真正感覺到減少庫存可以提高利益、有利資金周轉、在業務操作上較輕鬆的優點，便下令削減庫存，以適當庫存量（庫存周轉率四十周轉）為目標。但當7-ELEVEN提倡庫存削減政策時，只得到冷淡的回應。當時各連鎖商店商品豐富，他們認為陳列狀況可左右銷售成績。

但當7-ELEVEN高唱庫存削減，尤其排除銷路不好的商品之後，庫存量與銷售成績呈現反比，也就是庫存量越多，銷售量越差。這種現象明顯呈現出來後，各連鎖店才慢慢改變想法。

一九七六年度當時，7-ELEVEN的日售為二十七萬日幣（月入近一千一百萬日幣），庫存額為九百多萬日幣，庫存周轉率約十五％。但一九八七年，日售五十三萬日幣（月入六百萬日幣），庫存五百五十多萬日幣，庫存周轉平均三十五％，改善二・三倍。現在庫存額四百五十多萬，庫存周轉率五十％。

這是因為只陳列必要量（銷售量）的商品，使坪效率、生產性提高，而且為了提供高鮮度商品，將商品、物流、販賣戰略有機地結合，包含系統在內，實現綜合平均的理想。

當初只致力於庫存削減，使得陳列架看起來空盪盪的，賣場有種貧弱感，站在消費者的立場看來，好像缺乏依靠的商店。但最近在陳列商品方面下工夫後，這種感覺已經淡多了。

3. 考慮到消費者方便的服務性商品

7-ELEVEN 除了以售貨為中心，更考慮到消費者的方便，展開以下服務：

①送貨

②ＤＰＥ

③電話卡

……等等。更進一步實施代收公共費用服務（東京電力、東京瓦斯、第一生命、ＮＨＫ等），努力開拓新顧客及提高對現存顧客的服務。卻沒有銷售ＣＤ、錄音帶、錄影帶（自動販賣機）等。

這些商品對顧客而言是一大便利，但因事故發生率高（含犯罪），而且這些需要銷售人員具備足夠知識、技術，因此極力避免。

少數人進行二十四小時營業，而且以兼職人員為戰力的便利商店，在運用上最重要的是，不可遇到對店鋪營運造成障礙的事。

東京電力曾在一九八五年六月策定「以二十一世紀為目標的經營基本方向」，配合客戶的需要，在「新東電服務具體策略檢討」中，有開發新型態繳費服務的主題。其背景為：

‧以學生、單身者等年輕層為中心的生活型態，轉移至夜間型。
‧繳費窗口（金融機構、電力營業所）有時間限制。

等等，就算想繳費，也因為時間限制而不方便繳費。為了解除這些不便，必須開發任何時間、地點均可繳費的窗口。於是，由於——

‧與生活圈密切連接。
‧營業時間到夜晚。
‧ＰＯＳ系統網路完備。

所以一九八七年初開始與 7-ELEVEN 接洽，一九八七年十月開始服務。

在這種場合，加盟店也是以ＰＯＳ解讀器讀取電費通知單上的條碼（請求書發行企業條碼、顧客條碼、費用等），收取現金後蓋上收款印章，即完成繳費手續，與一般商品精算的情況一樣，一點也不麻煩，不論誰都會操作此系統。

此系統在競爭激烈化的便利業界，形成與其他商店的差別化，藉此可增加固定客戶惠顧的機率（年輕男女），並可開拓新顧客（主婦層、雙薪家庭夫婦）。由於受到加盟店、顧客的歡迎，所以從一九八八年三月開始，增加東京瓦斯的服務，一九八九年二月開始，更增加第一生命服務。

一九八九年十二月起，包含消費稅找零在內，與日本卡片中心聯合，開始卡片業務（prepaid card 第三者發行型）。

一九八九年十二月，六十家店進行嘗試，至隔年四月，在全部加盟店展開。這項服務也以年輕人為中心，因為年輕人已經習慣以電話為代表的卡片使用，而加盟店也不必擔心一元硬幣不夠了。

只不過卡片的情況與代收公共費用服務不同，店鋪解讀器上是一大問題。

・對於必須付手續費的卡片處理。

主要的顧客服務

服務內容	服務對象
影印	
ＤＰＥ	
送貨	
銷售電話卡	
銷售郵票	
代收電費	東京電力、中部電力、九州電力、東北電力、關西電力、北海道電力、中國電力
代收瓦斯費	東京瓦斯、靜岡瓦斯、大阪瓦斯、ＬＰ瓦斯
代收電話費	ＮＴＴ、ＫＤＤ、日本電信、第二電信、日本高速通信、日本國際通信、國際計數通信、新日本通信、日本移動通信
代收行動電話費	ＮＴＴ、東京計數電話
代收水費	埼玉縣南水道企業、群馬縣館林市
代收貨款	日本信販、東方企業、賈克斯
代收ＮＨＫ收視費	
代收第一生命保險金	
代收家庭保險通信會費	
郵購商品目錄	
特製預約便當	
汽車學校斡旋服務	
賀年卡印刷服務	
販賣滑雪吊椅兌換券	
共通餐券利用服務	

(取自「7-ELEVEN 面面觀」)

圖表 13

・無法讀取卡片時的對應（再發行）。
・收銀機中的卡片發行要求。
……等等。待解決事項很多，配合法律修改情形，其他連鎖店非常注意 7-ELEVEN 的動向。

7-ELEVEN 為了解決這些問題而實施的事項，對流通業界而言是一項了不起的革新。以便利連鎖店為首的流通業全體，一直被認為應該會加速卡片業務，但在數年後的今天。成效卻不如預期。

4. 以明確觀念為基礎的通信戰略

一定很多人注意到電視等宣傳廣告，零售業者幾乎都打出『×折大拍賣』、『瘋狂大特價』的口號，一年進行幾次庫存處理。但 7-ELEVEN 則偏向企業形象及商品宣傳，以提高知名度及專利權商店為目標。

即使是宣傳商品，也不是只單純介紹商品，而是配合故事情節，使商品印象（包含價值等）提高，讓顧客心裡存在著某種期待感。

這些方法為「一流製造業」所採用，重視企業形象更甚於個別商品，有效提高企業形象。

7-ELEVEN 善用這種企業形象與現實店鋪（商品、陳列等）之平衡，並達到相得益彰的效果。例如，宣傳商品很少會因缺貨或買入後覺得不好吃而受到批評。這就是利用宣傳加深印象，提高衝動購買效果。

此外，讓此ＣＭ戰略成為話題，在雜誌、電視等大眾傳播媒體上大量出現，並使標語成為流行語，將宣傳工具活用至最大極限（降低成本），使便利商店（＝7-ELEVEN 店）成為日常生活的一部分。而這也是使專利權商店確立不可或缺的一環。

「7-ELEVEN 好舒服」。

「方便的好鄰居」。

「好事連連的歸途」。

「月夜散步」。

「宵夜好伙伴」。

「冬天代表選手火鍋」。

等等，加上大烹堡、飯糰、季節食品（聖誕節、過年）等，製造出許多流行用語。

此ＣＭ也適應：

①便利商店穩定（知名度提高）。

②生活提案（配合生活品味）。

③商品品質（味覺、鮮度）的訴求。

④更舒適的生活（代收費用等）。

等等時代變化，以顧客需要為訴求重點。

現在，其他連鎖店也以ＣＭ印象戰略為中心，所以 7-ELEVEN 致力於三明治等商品品質，以圖差別化。

ＣＭ戰略對 7-ELEVEN 商店而言，是對顧客的『承諾』，盡可能縮小宣傳文句至想像意像與現實店舖形象的差距，為確立『專利權商店』的手段。這些ＣＭ正是 7-ELEVEN 的經營方針。

5. 從前是5、4、3，現在是6、5、4

請各位看看**圖表**14，這是CVS前三名連鎖店7-ELEVEN、非米利馬特、大黑CVS的都道府縣別店舖數，及平均日銷售額一覽表。

從一九九四年實績推算CVS前三名連鎖店平均日銷售額則如**圖表**15。

從五年來店舖增加數與平均日銷售額比較來看，7-ELEVEN約增加二千家店，日銷售額十萬日幣。非米利馬特不到一千三百家店，日銷售額五萬日幣。大黑便利商店約一千五百家店，日銷售額十萬日幣。差距不但沒縮小，反而更大。

TV民調顯示，大黑集團的氣派超越其他同業，最富話題性的是7-ELEVEN，而堅實度由非米利馬特奪魁。7-ELEVEN很會「發現新事物」，總是以新鮮的魅力適應顧客的需求。

除了要求加盟店貫徹行銷四原則（①鮮度管理、②物品管理、③清潔明亮、④親切服務）之外，還確實掌握顧客需求的變化（決定主題），最後再與TV宣傳巧

1990 年度 CVS 前 3 名連鎖比較（都道府縣別店舖數）

縣名 ＼ 連鎖店		7-ELEVEN	非米利馬特	大黑 CVS
北海道	北海道	272	0	122
東北	宮城	124	0	65
	福島	213	0	0
關東	茨城	165	15	29
	栃木	152	0	0
	群馬	125	10	39
	埼玉	459	255	104
	千葉	369	116	124
	神奈川	509	333	370
東京	東京	673	664	614
甲信越	山梨	77	16	30
	長野	170	0	11
	新潟	60	0	51
東海	靜岡	141	55	73
中國	廣島	93	0	64
	山口	46	0	8
九州	福岡	225	0	156
	佐賀	40	0	10
	熊本	27	0	15
合計		3,940	1,464	1,885
以上以外地區合計		0	261	1,685
1990 年 2 月底全國店舖數(店)		3,940	1,725	3,570
1990 年 2 月期平均日營業額(萬日圓)		56.5	45.6	34.9

取自「日經流通新聞」、「便利商店快報」

圖表 14

1994 年度 CVS 前 3 名連鎖平均日營業額

連鎖名稱	7-ELEVEN	非米利馬特	大黑
全國店舖數	5,905	2,749	5,139
增加店（比前年）	429	237	—
銷貨額(百萬日圓)	1,392,312	486,250	821,400
推定平均日營業額(萬日圓)	66.5	50.6	45.0

圖表 15

妙配合。

長期以來，日銷售額差距沒有縮小的理由，一言以蔽之，就是「連鎖綜合力差」，十幾年來維持此差距的組織管理力也值得注意。

其他連鎖店也跟著 7-ELEVEN 的腳步不斷革新，但為什麼不能縮小差距呢？理由將於第七章詳述。

第六章　7-ELEVEN 的教育戰略

☆公平評價實績
（明確表示目標數值，客觀評價達成情形）

☆使動力持續的結構
（利用正面報導的平面組織運用）

☆即使兼職人員也「理所當然會做理所當然的事」
（利用合宿制研修培育人材）

1. 徹底教育總公司人員

7-ELEVEN 總公司的員工，基本上和加盟店負責人的教育一樣，進入訓練課程，接受 7-ELEVEN 的基本政策，店鋪營運、總公司任務等教育。更在直營店的訓練商店接受商店革新研修之後，配置於各部門。

尤其相當於一般企業的營業部門，7-ELEVEN 的場合是ＯＦＣ（operation、field、counsellor）、ＲＦＣ（recruit、field、counsellor），檢查人員（auditor）。擔任這些職務的人，特別要在訓練商店接受六個月的店鋪研修（一般勞動者、副店長、店長），累積ＦＣ訓練（management）經驗，配置於各地區事務所（distriet office）當訓練ＦＣ，在ＯＪＴ歷經現場研修累積實力。

其中ＯＦＣ，一個人負責七～八家店鋪，從最近的店鋪增加需要七十～八十人，再加上退休補充人員計算，每年連鎖總公司必須教育一百人以上。

儘管有不少經驗淺的人擔任與加盟店負責人的商量對象，但加盟店不常發出抱怨、不滿的原因，歸功於徹底的教育系統與ＯＦＣ系統的完成。

支持ＯＦＣ系統最重要的是，全國ＦＣ會議。

每星期一召集全國地區經理，由總公司負責人、重要幹部出席，舉行經理會議，討論上週在各地區發生的各項問題（批發商配送狀態等）及加盟店負責人意見、希望、對應策略等，決定公司的方針、方向。在隔天的全國ＦＣ會議上，發表前一天經理會議中所討論的方針，及針對問題的對策。

星期二舉行的全國ＦＣ會議，參加人數包含全國的地區經理（district manager）、ＯＦＣ、ＲＦＣ，以及社長、職員、總公司管理部門職員等，將近全體員工八～九成。

此會議在傳達包含商品資訊在內的店舖營運各問題對策、本部方針的同時，上午還談論 7-ELEVEN 從最高層至最基層的做法、想法（站在顧客的立場）、行動（貫徹原理、原則等）等話題。

下午舉行職務別會議與地區別會議，針對上午的問題點詳細討論。

在這二天的會議中，全體人員均能掌握 7-ELEVEN 的問題點，在建立對策的同時，還能達到員工意見溝通、朝目的統一行動的效果。

藉由此會議，能夠了解各種現象、事實、思想，對應方法等，參加者可以體驗論理的過程。

側面效果則為，參加者可以聽聽他人的意見，調整自己的應對策略，養成柔軟性人格與平衡感。藉由區域資訊交流，使7-ELEVEN 整體航向一致。

這幾年來隨著店舖增加，每年約增加一百位營運顧問，總公司吸收每位營運顧問的技巧，再傳授給其他營運顧問。

2. 公司報的效果

支撐OFC系統另一項不可遺忘的是，稱為『7-ELEVEN 家庭』，一個月出刊一次，配送至各加盟店的小冊子。一般公司報通常是介紹公司內外動向（人事異動等）、概要，大多數人看過之後便隨手丟進垃圾箱內。這本小冊子則詳細介紹——

①兼職人員採用成功例。

②年初年終對應方法。

③烹煮食品的販賣方法。

等達成好績效的實例。

此外，並記載新商品、雜貨等，對店舖營運有幫助的資料。而且在色彩、視覺方面非常重視，彙整加盟店的煩惱問題，讓閱讀者閱讀方便、容易理解。

這本小冊子的內容很豐富，對於店舖經驗不足的負責人而言，幫助非常大，而對於經驗豐富的負責人而言，更是得到其他店舖資訊的利器。

可惜的是，失敗例子少了一點，很少看見引以為教訓的實例，及應該注意事項。但話說回來，如果無所不包的話，那營運顧問的重要性恐怕就會大打折扣了。在以經驗不足的營運顧問占多數的現在來說，這本小冊子可說彌補許多不足。

營運顧問的職務中，最重要的有二項。第一，成為負責人的左右手，監視店舖營運，一定要讓從業人員遵守零售業之基本原則。

例如：

①親切服務。
②注意鮮度（商品）期間。
③徹底打掃。
④防止缺貨。

等等。檢查包括契約書記載項目在內的基本事項。這些雖然都是理所當然的事情，但只要沒有人監督，就會立刻被忽略。

另一項重要職務是店鋪經營的指導，在這方面，營運顧問非得活用自己的經驗、資訊，得到負責人的信賴不可。

經驗可以藉教育、系統等短期內學習到，再加上前述全國ＦＣ會議及小冊子等補充知識，相信一定能夠執行愉快。

尤其這本小冊子可以當做營運顧問獲得他店情報的重要參考，確實掌握加盟店的狀況，進行分析、預測效果，排定先後順序，迅速而確實地實行，可活用為說服性補助資料。

3. 負責人的教育

試著在不同便利商店購物，你就會發現，7-ELEVEN 的店員待客方式與其他連鎖店不同。

其他連鎖店與 7-ELEVEN 商店一看就知道是兼職店員，但 7-ELEVEN 的兼職人員總感覺『像店員』，而其他連鎖店的店員，則給人一種『打工』與『像店員』二類型人員混合的感覺。

這導因於負責人對店員教育徹底程度的差異。

7-ELEVEN 選定負責人的條件之一，是『指導力』。總公司在拔擢負責人資質的同時，也為負責人準備了指導環境（教育）。

即使商店設備良好、商品品質絕佳，但如果店員教育不夠水準，就稱不上是優良商店。清潔、品質佳、店員教育良好的商品，顧客的支持率高，成為生意興隆商店的機會才大。

創造生意興隆商店是 7-ELEVEN 的目標，所以在開店準備中，必須對負責人進行十一天職前教育。

最初五天是授課訓練（在研修中心內），教育其 7-ELEVEN 整個系統，讓其了解 7-ELEVEN。

・訂貨技巧。
・販賣技巧。
・店舖營運技巧。

・資訊活用技巧。

・從業員指導技巧。

等等，教育其成為商人的心理準備。

接下來五天是商店訓練，在訓練商店實踐先前的教育，實際學習店舖營運。依照系統手冊所教育的內容實踐，即可對店舖營運產生自信。最後一天是綜合檢討，結束後即可成為7-ELEVEN商店的負責人，也可成為優秀的商人。

開店後，在ＯＪＴ（on the job training）中教育從業人員，或者接受營運顧問的適當建言（主要是其他商店成功的實例），教育成一位成功的經營者。

當然，營運顧問會依照商店營運狀況，指導成為一家生意興隆的商店。7-ELEVEN商店負責人，多半在十天的教育中，已經有能力身兼經營者、管理職、專門店員三職，而接受負責人理論與實踐指導的從業人員（含兼職），也可駕輕就熟地站在『店員』崗位上。

當然，在採用從業人員方面，必須努力挑選『認真工作』者，但經營者除了考慮工資、時間外，也必須發揮體貼心。

4. 成為商人的教養

如前所述，7-ELEVEN 商店的負責人、從業人員，以及總公司全體員工，每天早上都要集合唱振奮歌，在朝會中唱完歌後，便發表前一天的銷售成績，並且進行服裝儀容檢查。

・頭髮長度。
・指甲長度。
・衣服是否清潔。
・手帕、衛生紙。
・手的姿勢。

……等等。

接下來，進行聯絡事項、確認事項後，朝會結束。成為商人的基本條件，就在服裝儀容檢查中養成。

此服裝儀容的檢查，從向顧客打招呼方式、與顧客應對，至手的姿勢等，決定檢查項目之後，必須反覆進行，直到習慣為止。

接下來，既然是屬於食品業態的便利商店，當然必須擁有這方面的常識。一般便利商店只看一次說明即可，但 7-ELEVEN 則陸續學習至熟悉為止，指導你發現「當商人的喜悅」。

當商人的喜悅，是創造整齊完備的環境，讓顧客在悠閒的氣氛中購物。因此，系統手冊中也有記載徹底實行『親切服務』。

此親切服務的重點為——

・穿著清潔的制服。
・結帳櫃檯感覺清爽。
・用清楚的聲音與顧客說話。
・按收銀機時唸出聲音。
・接電話時、裝袋時必須細心注意。
・每日待客態度相同。
・實施有利的銷售。

……等等。負責人或營運顧問必須隨時監督（指導）這些禮節。

這些成為商人的禮節，不只與店舖有關的從業人員，連總公司員工（包含間接部門）也必須接受教育，而且養成習慣。

例如開業規則、基本規則為——

①勤務開始時清楚唸出信條、待客五大用語。

②開業規則。

・完成打卡等上班手續。

・服裝、儀容。

・請假、遲到、早退等事前告知。

③基本規則

・勤務時間中禁止事項。

・遭遇各種狀況立即報告。

……等等。這些檢查一年進行二次，稱為『自我檢查』，在勤務評價表中自行檢查，自我反省或者對於應遵守項目進行再確認。

但自行評價有缺乏妥當性，因此由上司進行二次、三次評價。

有關上司的評價，是與本人面試，指導其未來遵守項目與應自我啟發項目。

5. 女性伙伴是一大戰力

白天到 7-ELEVEN 商店購物，經常見到女性進行訂貨業務的場面，詢問她是不是「老闆娘」，意外她回答竟是工作伙伴。

看她工作兢業、有責任感、具商品知識，完全像位「老闆娘」，沒想到卻猜錯了，我有過好幾回這種令人臉紅的經驗。

事實上，7-ELEVEN 從幾年前開始實施「從業員研修」，其內容為——

①A型（以女性伙伴為對象、二天一夜）

・關於 7-ELEVEN 連鎖企業。

・買賣基本與基本四原則。

・店內基本作業再確認。

・POS系統的活用。

・包裝的方式。

②B型（以男性員工為對象、三天二夜）

・關於 7-ELEVEN 連鎖企業。
・買賣基本與基本四原則。
・店內基本作業再確認。
・POS資料的活用與單品管理。
・工作日誌與伙伴教育。
・包裝的方式。

依加盟店的希望，實施合宿制。

在泡沫型時代，兼職人員採用（人員不足）、穩定（即使採用也因薪資問題而作罷）方面問題很多的加盟店，著實嘗到苦果。於是確保人材穩定的教育與對策，就成了系統之一。

對於從業人員而言，與其他加盟店人員相處，可以互相刺激、競爭，藉此提高自信力。對於加盟店負責人或總公司而言，從業人員整個水準提升，而且意識統一，可得一石二鳥之效。

泡沫經濟崩潰之後，在採用兼職人員方面，不用擔心慢性人手不足，對於人材質方面的評估（依能力支薪）很有幫助。

尤其是計時人員，很少一開始就很投入工作，通常得由教育、研修，才能將訂貨業務、管理業務委託給某些人處理。更進一步對於銷售額、商品的關心度提升，除了發揮個人能力之外，與團體配合亦佳，能夠站在管理者、經營者的立場判斷事物，在幹勁與自信方面的穩定性很好。

第七章　對應變化型的柔構造企業

☆成為經營者擁有領導權
（全體員工的思想轉換）
☆依原理原則判斷事物、實行
（使不可能成為可能的經驗，辛苦排除障礙的經驗）。
☆在組織中工作時，維持整體平衡
（將人事費視為投資，培育人材）

1. 維持高成長的經營思想

詢問鈴木會長有關「7-ELEVEN 維持高成長的經營秘訣，他立即回答：「7-ELEVEN 想的、做的，都是其他企業還沒想到、做到的。」

7-ELEVEN 想的、做的到底是什麼呢？就是站在顧客的立場經營便利商店。說得詳細些，當顧客想購物時，能提供品質、口味、鮮度、價值、數量、氣氛、時間等均符合顧客條件的商店，讓顧客完全滿足。

因此，連鎖總公司展開以下政策：

①店舖展開徹底優勢化，獲得最佳地區商店。

②重新組成商品供給網，追求商品品質與鮮度，使供給安定。

③藉廣告提高知名度，確立商店標誌。

④與加盟店關係密切，達成共存共榮（加盟店、批發商）的目的。

7-ELEVEN 確實地進行這些事項，向目標邁進，在各方面領先其他連鎖店。

更進一步的，從頂點出發，為了實現自己的理念、方針而訂定戰略。如何思考？如何推進？如何實行？或者如何掌握全盤方向，一切均不交給他人，完全站在顧客立場判斷指示。

從經營者、管理人員、一般職員、店鋪負責人到從業人員，意志均得以疏通。關於此，鈴本會長直言道：「一個企業、一位經營者，對於理所當然的事就得勇往直前去做。」他也歪著頭表示：「為什麼其他企業無法做到呢？」

其他企業的經營環境不同是一個原因，但是不是也宿命地將利益追求視為優先課題，忽視了經營理念呢？換句話說，處於——

①沒有餘裕先行投資。

②認為表面模仿即可確立架構。

③對於買賣的本質（站在顧客的立場），分為原則與真心的狀況，無法依循基本。

與其他連鎖經營者相比，鈴木會長的思想是『化不可能為可能的革新思想』，非常先進，革新思想很徹底。例如，「大部分的人只想到自己經驗的事物，那麼不妨試試與經驗相反的事」。

站在顧客立場思考事物，不但計畫與經驗相反的事，實現更重要，這種想法就是鈴木先生的基礎。另外，鈴木先生也曾說：「化不可能為可能的經驗、辛苦排除障礙的經驗，都可讓下一次挑戰更有自信。」

克服 7-ELEVEN 歷史中各種障礙，例如：

①短期構築便利系統。

②批發商集中、再編成。

③共同配送系統、一日多送方式。

④徹底優勢化。

……等等無理、困難、不可能的事，在施與授的精神中陸續進行改革。

即使現在，他也說：「將不可能化為可能，要持續不斷。」這不能說改善或改良，而是屬於「業務改革」的意義。

以『斷絕的時代』著作聞名的德拉卡，在日本的演講會上稱讚「伊東由加堂集團是世界流通業界中最進步者」，但鈴木會長對此讚詞只冷靜地表示：「這有什麼，是其他人太遲了。」

「與美國人做什麼或歐洲人做什麼無關，7-ELEVEN 只思考要解決問題該怎麼做。」

即使是總公司，也不會管其他連鎖企業怎麼做、書上怎麼寫。

「現在，我們在工作上只正確掌握什麼才是真正的問題，該如何解決問題，完全站在顧客的立場思考、面對問題。」

鈴木先生另外也說道：「依照這種思考方式，任何人都了解便利是什麼。」

像這樣將買方（顧客）與賣方（加盟店）的立場交換，單純思考事情，若遇障礙便全力排除，這正是維持成長的關鍵。

7-ELEVEN 以這種思考方式為基礎，開發出稱為終端設備7（terminal-7），利用終端機訂貨（由日本電氣負責開發）的線上訂貨，並以溫度帶別配送車（伊斯汽車負責開發）送貨。POS系統等的軟體技術活用，從批發商至加盟店一氣呵成，這種結構組織使得店舖呈現穩定性。

2. 企業戰略的秘訣

7-ELEVEN 誕生至今已二十年，但創立當初的思考方式（franchise business convenience store business）、經營哲學、原理原則、對於方針的方向性等，幾乎沒有改變。但是從外部看其變動，會發覺 7-ELEVEN 經常向新事物挑戰，或往往冒險實行。

而且冒險行動完全成功，真是不可思議的企業，擁有良好的形象。

7-ELEVEN 掌握世上「經濟環境變化，亦即需要與供給關係大大改變。以前需要面大於供給面，但現在對一般消費者而言，幾乎所有的物質均得到滿足，呈現供給過剩狀態」之變動，當成企業經營指針。

鈴木會長說：「買賣是完全的經濟行為，因為經濟基盤改變，所以過去的買賣經驗在今天沒什麼助益，同時，對於今後的變化也無法預測。在無法預測的狀況下，即使在公司內也不能使用打前鋒這種好聽話。」他更進一步表示：「以賭注來看，贏的機率是五十％，只有五十％準確率而已。這不是經營。先決條件是該如何追求變化。不跟隨變化，比變化先行的事業非常危險。如果是夢或小說，因為是幻想世界，所以怎麼想都可以，但做事業就不能打前鋒。」

看了這幾年來世界的變動，鈴木會長也說道：「消費稅加入、匯率（預測日幣走高沒想到日幣安定）、更換三位首相、東西德統一、伊拉克侵略科威特造成的中東危機、蘇聯瓦解、阪神震災等等，對流通業界而言，可稱為基礎的政治、經濟情勢持續在變。在基盤不穩固當中，當然無法預測或進行中長期計畫。因此，不要讓員工浪費精力在無謂的預測上。」

在公司內強調：「放輕鬆，創造能立即應付變化的體制最重要。」

企業擁有獨自的經營哲學、經營思想，但許多經營者訴說，要全體員工貫徹此思想很難（原則與真心的橫行）。對於這種問題，鈴木會長表示：「為了使全體員工貫徹此思想，與其反覆向員工說同樣的話，不如讓他們進行思想轉換。」

鈴木會長苦笑：「就算伊東由加堂，一遇到業務改革也像傻瓜一樣地，一而再再而三反覆不停地說。」之後說道：「這樣無法進行完全洗腦。」也許鈴木會長會一直說到完全洗腦為止吧！

其他公司為什麼無法洗腦呢？對於這個問題，鈴木會長簡單說明：「同一件事情反覆說卻不做。」歸根究底是經營者的怠慢。

在公司業績順利延伸的現在，隨著事業發展，從業人員不斷增加，無法完全洗腦怎麼辦？對於這個問題，鈴木會長說：「無法全體員工洗腦，是經營者缺乏領導力，這時候乾脆停止。」既然經營企業，就得明示理念、方針等基本事項，讓全體員工完全了解、吸收，並說明其重要性。

3. 站在顧客的立場思考

引用辭典，原則是①許多事物可以藉此說明思考的根本法則。②許多人可以依此找到基本方向。原則是符合大部分場合的基本法則、規則。

不管怎麼說，一定是要大多數人認為好，並且能遵守的規則。7-ELEVEN 在各方面均出現此「原理原則」（方針、指南、思想等）。

鈴木會長斷言：「基於原理原則做生意，則有許多種類商品就代表賣不出去東西很多。」這種說詞否定了許多書本、雜誌上所寫有關商品陳列「大量（含種類）陳列可以促進銷售」的經驗。

為什麼呢？因為「有許多賣不出去商品的店，與顧客能立即挑選到自己喜歡商品的店，哪一種比較好？答案當然是後者，因為後者才能使顧客得到滿足」。

因此，鈴木會長強調：「站在顧客的立場思考、設計商店與賣場，才是做生意的原則。」

「不論什麼時代，獲得大多數顧客支持的這項原則，才是做生意不變的真理」

。這正是依循原理、原則所導出來的意義。

「只不過，每個時代有每個時代的障礙，排除障礙最重要。人不得不永遠隨著時代潮流走。」這又是更接近原理、原則的日日革新之義。

在組織中工作的場合，「進貨、販賣、指導、系統等若不完全配合，就一樣工作也做不好」。例如，「不管電腦軟體製作出多麼精緻的節目，只要不使用就一點意義也沒有。非得全體配合不可」。鈴木會長更指示系統結構平衡、互相吻合的構築條件（**圖表16**）。

4. 對應變化的方法

誰都不能否認經濟環境的變化，以及需要與供給的大變動，但有關於現實的對應，鈴木會長表示：「昔日需要旺盛，是人隨著商品做生意的時代。但今日雖說商品也非常重要，但更重要的是如何賣？賣給什麼人最好？進入目標市場（**target marketing**）的時代。」說明了掌握顧客需要、融入顧客市場的重要性。至於其應對方法，則強調：「資訊很重要，吸收資訊的方法更重要。」

系統化戰略

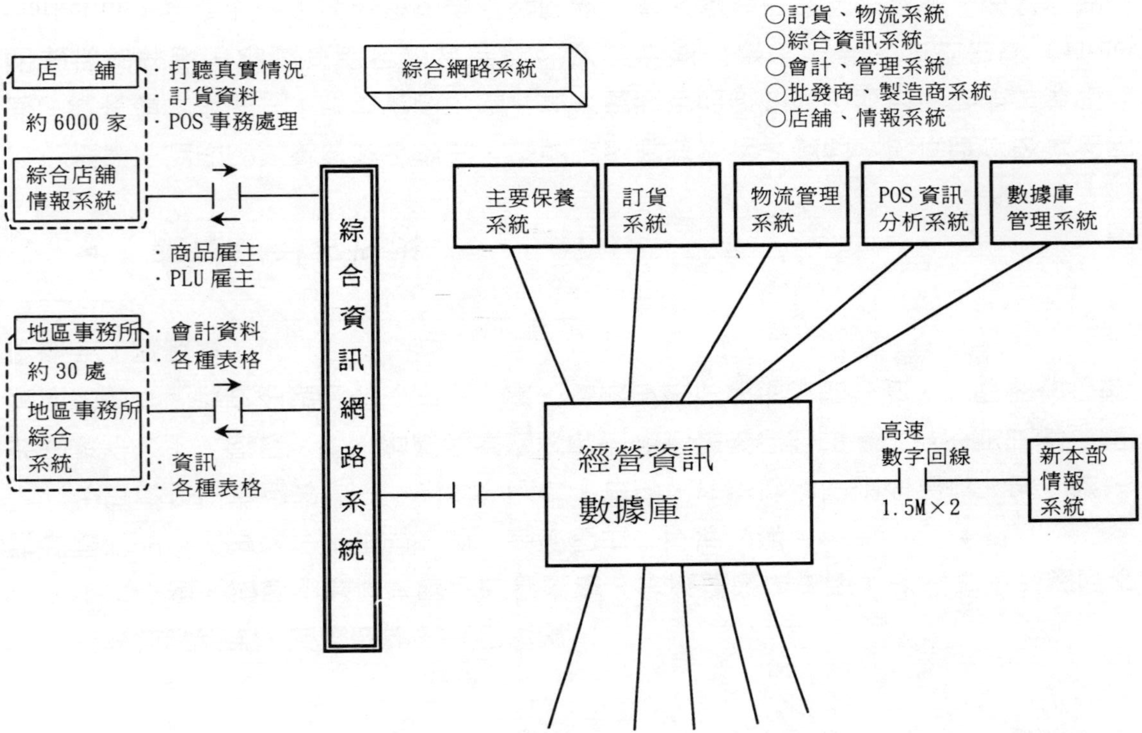
○訂貨、物流系統
○綜合資訊系統
○會計、管理系統
○批發商、製造商系統
○店舖、情報系統
綜合網路系統
店　舖
約 6000 家
綜合店舖情報系統
·打聽真實情況
·訂貨資料
·POS 事務處理
·商品雇主
·PLU 雇主
地區事務所
約 30 處
地區事務所綜合系統
·會計資料
·各種表格
·資訊
·各種表格
綜合資訊網路系統
主要保養系統
訂貨系統
物流管理系統
POS 資訊分析系統
數據庫管理系統
經營資訊數據庫
高速數字回線
1.5M×2
新本部情報系統

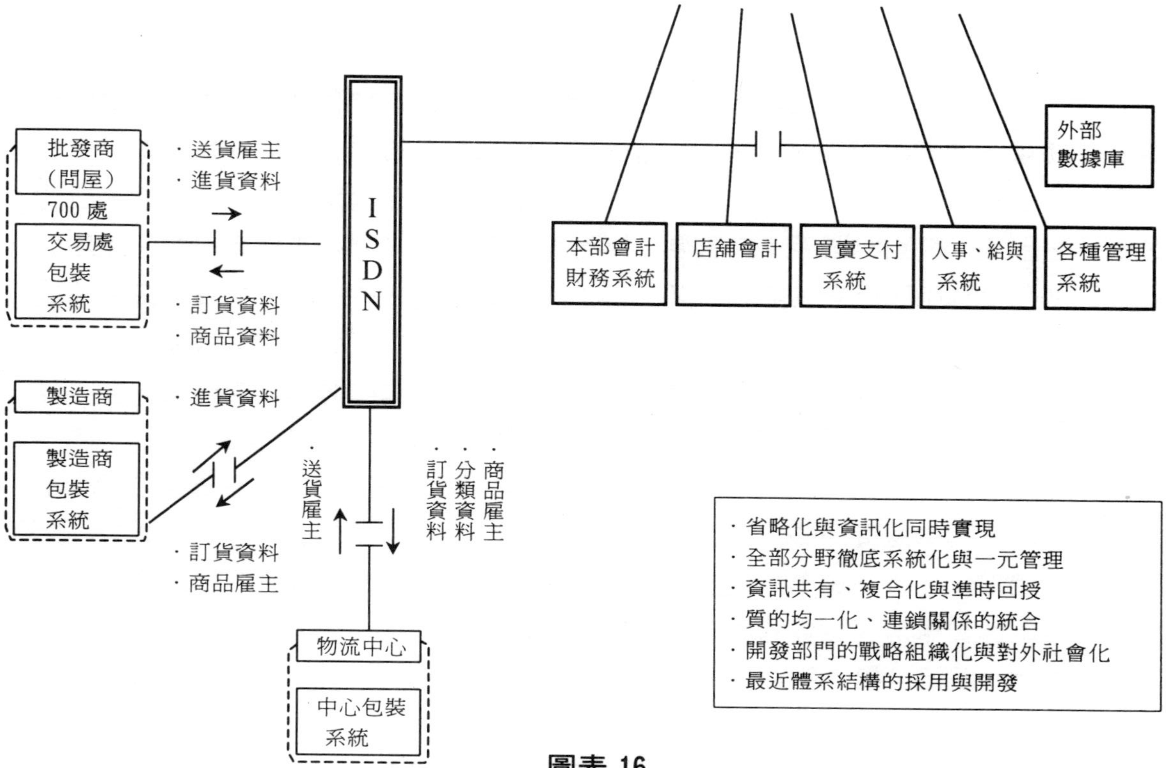
批發商
（問屋）
700 處
交易處
包裝
系統
·送貨雇主
·進貨資料
·訂貨資料
·商品資料
製造商
製造商
包裝
系統
·進貨資料
·訂貨資料
·商品雇主
ISDN
·送貨雇主
·訂貨資料
·分類資料
·商品雇主
物流中心
中心包裝
系統
外部
數據庫
本部會計
財務系統
店舖會計
買賣支付
系統
人事、給與
系統
各種管理
系統
·省略化與資訊化同時實現
·全部分野徹底系統化與一元管理
·資訊共有、複合化與準時回授
·質的均一化、連鎖關係的統合
·開發部門的戰略組織化與對外社會化
·最近體系結構的採用與開發

圖表 16

7-ELEVEN的作法，擔任此資訊傳達橋樑的是區域顧問（field counselor），簡稱FC。其所擔負任務非常重要。

「FC為了持續不斷擁有新資訊，必須每週輸入資訊。為什麼呢？FC每個月都必須處理許多事務工作，不可能每個人都得到所有新資訊，於是每週將他們集合起來，傳達公司的具體方法、最近資訊。而且這種方式持續不斷。」每週有九百位員工從全國各地集中至總公司。員工們取得相同資訊，也吸收到具體應對策略，在檢討如何指導店舖之後，返回勤務地。

即使只計算交通費、人事費，每年就需要二十多億日幣。

「人事費在損益表上是費用，但現在應轉換想法視為一種投資。」

在認識基本變化方面，鈴木會長說道：「高度成長時代，量決定質，其典型即為量販店。現在這個時代，則是質決定量的時代。因此，創造出好品質的商店，而各商店因為不能獨自成長，自然而然就想成為連鎖店。」對於商店、商品、一切事物追求品質的姿態，於言語中表露無遺。

「以前是量決定質，但現在是質決定量的時代，若不注意這種世態變化，一味追求量，品質便越來越低，結果連追求量都沒辦法。這也是原理原則。」

那麼，什麼是店鋪的質呢？鈴木會長說道：「7-ELEVEN 的店鋪估計日售額六十六萬，第二名是五十五萬、第三名是四十五萬，十萬之差就是綜合質的結果。」他又說：「綜合就是商品的品質，運作的方法、資訊、立地等綜合條件成立一家店面。」要使成立商店的一切要因吻合，才能提高銷售額、顧客數、利益。

5. 7-ELEVEN 的前景

便利商店是以販賣（主要是調整食品）為中心，對顧客提供便利與便宜的商店業態。7-ELEVEN 針對顧客生活上感到不便之事，積極展開商品化（一般稱為服務商品）戰略。

以DPE為代表的代銷服務、代收東京電力代收費用服務，一九八九年十一月開始在沼澤地區辦理預付貨款卡（prepaid card），陸陸續續加入新服務項目。

尤其是代收公共費用的數目，一九八九年十一月為東京電力十六萬件、東京瓦斯十萬件，延伸至今，代收費用服務已經突破一百萬件，很穩健地築起與銀行並駕齊驅的信用。

有關 7-ELEVEN 展開新服務的判斷基準，鈴木會長以這麼一句話為開場白：「7-ELEVEN 嘗試新事物，至今沒失敗過。」接著說道：「因為新奇、譁眾取寵而做必定失敗，站在顧客立場從顧客心理思考絕對成功。」相對於以自己商店立場為基準，忘記顧客需求，或一味追隨其他連鎖店服務項目的連鎖企業，7-ELEVEN 所採用的判斷基準可說相當明確。

「以新奇服務項目為例，JR的訂票服務，因為利用顧客少，所以今後也不做。因為站在顧客立場看並不方便。

現在自己在家打電話就可以了，卻還要特地跑到便利商店拜託幫忙訂票，而且又不能立刻拿到訂購票，他日還得詢問商店是不是可以拿了，不論從哪一個角度來看都相當不便。」

筆者針對訂票時的麻煩（日期、列車號碼錯誤）所帶來的後續補正更費工夫提出詢問，鈴木會長立即回答：「麻煩及補正的費事是站在自己的立場，這是次要的事。」真是以顧客為中心的姿態。

設置CD（cash dispenser 自動售貨機）的情形也一樣，「7-ELEVEN 肯定不會做。因為站在自己的立場方便、賺錢，如果自動售貨機普及也許很好，但考慮到商店立場，在安全性上有問題（強盜），還不如在店內賣便當、飯糰。」

另外，關於服務的採用基準，最好單純思考「現在顧客在想什麼，能讓他滿足嗎？」而且得有信心「克服對自己而言的困難，不可以因為自己不努力、不方便就放棄。不可以說投資不值得、做不到就不要做之類的話。」「為顧客需要而做，因此而賺錢最好。以自己賺錢為前提，欺騙顧客的行為不被允許。」這段話敘述了做生意的心理準備。

關於7-ELEVEN的未來，鈴木會長說道：「戰時和戰後不久，只要有白米吃，大家就會流著眼淚說太好吃了！太好吃了。現在呢？精緻的白米都有人覺得不好吃。這是嘴巴被寵壞了，非得享受精美食物才能滿足口慾，這就是變化。戰後美味可口的白米飯一點也沒變，但是現代人都覺得不好吃了。」

「對於世上的各種變化，一定得隨時具有革新力，一刻也不可以停止。」這是對於便利事業的想法。

關於連鎖包銷生意，鈴木會長說明：「既然加盟店支付專利權使用費（loyalty），總公司就應該指導負責人沒注意到的事情，與批發商交易必須要求顧客所需的商品，這是連鎖本部存在的意義。」與批發商交易，應要求其「供應連鎖本部希望的商品，獲得顧客的滿足」。因此「只有革新沒有停止」。

販賣面的革新是導入預付貨款卡、郵購商品、代收公共費用等服務。在商品面是與製造商共同開發冰淇淋、麵包、三明治、速食麵等等。

今後 7-ELEVEN 會盡快掌握時代的變化，有效活用以往創造出的系統及技術，在擴大業務的同時，也會追求代收費用、郵購販賣等顧客方便的商店目標。郵購商品也會加入顧客資料，使顧客得到新資訊。7-ELEVEN 不會將自己侷限在小框框裡，而會往提供消費者全方位便利、便宜的便利商店邁進。

＊　＊　＊

最後，筆者自行整理 7-ELEVEN 的政策、戰略、強弱等，也許可供讀者參考。

《經營理念》

・提供消費者購物之便宜
（以日常生活中的必需品、服務為中心）
・對地區社會消費生活貢獻
（安定提供高品質商品，具安全性）
・與既存零售店共存共榮

（商店、交易所、製造商、連鎖本部等的健全經營）。

其強的一面是基本方針、戰略持續徹底，而且操作安定（高收益體質）、先行投資、人材投資均衡的財務體質（健全經營）。

反之，要找出其弱點很不容易，現在在各方面均維持均衡。

接著關於商品：

《商品、物流面的基本戰略》

・發現顧客需要，及早應對

（不以經驗判斷，養成注意小變化的眼力）

・滿足顧客慾求的商品開發及選定

（品質、鮮度維持管理的徹底）

・確立適品、適量、適宜的供給系統

（溫度帶別配送及提示配送）

其強度為要求品質、鮮度的日配商品展開（包含宣傳）之高明。

更進一步掌握顧客目標構成商品。反之，因庫存減少，所以日用雜貨、嗜好品的陳列狀況出現很多空隙。

《開發面的基本戰略》

·徹底優勢化開店

（成功率高的地區高密度開店）

·遵守新開店基準

（賣場面積、負責人的資質、視界性、接近性等）

·地區第一名店ＦＣ化

（說服繁榮店進攻經營）

其強度為藉著知名度、形象的完成系統，使安定感得以提升。

另一方面，既存零售店也有因無後繼者而轉業的情形。而在與其他連鎖企業競爭之餘，也得與公司內連鎖競爭，再加上高額手續費，負責人的自由裁量範圍狹隘。

最後，以同業的其他連鎖企業為首，幾乎所有企業都以企業重建的名目重新整理人員，與經營利益紅字的狀況相比，7-ELEVEN 本身也背負風險展開買賣。

使總公司、店舖活性化、效率化的組織（系統）安定，再配合減少冗員，「企業重建」的意義應該從本來的全體業務再構築，轉變成日日革新的精神，從上至下都應該以理所當然的態度日日革新。

編著者介紹

<著者>村上　豐道

1947 年出生。早稻田大學畢業。歷任伊東由加堂股份有限公司（也擔任 7-ELEVEN、德尼斯、優克貝尼馬爾等關係企業系統分析）ＥＤＰ部技術服務經理，忠實屋（股）ＥＤＰ部商品管理課長、事業開發室課長等。在經歷經營系統顧問之後，現在擔任高級資訊服務（股）代表。經營、物流、系統協調人。

<編者>佐藤　猛

1939 年出生。中央大學畢業。歷任鑽石（股）（銷售經理編輯長），鑽石（股）銷售（diamond sales）編輯企畫專員。現在為東京市場專家顧問團（股）代表。市場（新事業開始）協調人。

大展出版社有限公司 圖書目錄

地址：台北市北投區(石牌)
致遠一路二段 12 巷 1 號
郵撥：0166955～1
電話：(02)28236031
28236033
傳真：(02)28272069

・法律專欄連載・電腦編號 58

台大法學院 法律學系／策劃
法律服務社／編著

1. 別讓您的權利睡著了 1		200 元
2. 別讓您的權利睡著了 2		200 元

・秘傳占卜系列・電腦編號 14

1. 手相術	淺野八郎著	180 元
2. 人相術	淺野八郎著	150 元
3. 西洋占星術	淺野八郎著	180 元
4. 中國神奇占卜	淺野八郎著	150 元
5. 夢判斷	淺野八郎著	150 元
6. 前世、來世占卜	淺野八郎著	150 元
7. 法國式血型學	淺野八郎著	150 元
8. 靈感、符咒學	淺野八郎著	150 元
9. 紙牌占卜學	淺野八郎著	150 元
10. ESP 超能力占卜	淺野八郎著	150 元
11. 猶太數的秘術	淺野八郎著	150 元
12. 新心理測驗	淺野八郎著	160 元
13. 塔羅牌預言秘法	淺野八郎著	200 元

・趣味心理講座・電腦編號 15

1. 性格測驗① 探索男與女	淺野八郎著	140 元
2. 性格測驗② 透視人心奧秘	淺野八郎著	140 元
3. 性格測驗③ 發現陌生的自己	淺野八郎著	140 元
4. 性格測驗④ 發現你的真面目	淺野八郎著	140 元
5. 性格測驗⑤ 讓你們吃驚	淺野八郎著	140 元
6. 性格測驗⑥ 洞穿心理盲點	淺野八郎著	140 元
7. 性格測驗⑦ 探索對方心理	淺野八郎著	140 元
8. 性格測驗⑧ 由吃認識自己	淺野八郎著	160 元
9. 性格測驗⑨ 戀愛知多少	淺野八郎著	160 元
10. 性格測驗⑩ 由裝扮瞭解人心	淺野八郎著	160 元

11. 性格測驗⑪ 敲開內心玄機　淺野八郎著　140元
12. 性格測驗⑫ 透視你的未來　淺野八郎著　160元
13. 血型與你的一生　淺野八郎著　160元
14. 趣味推理遊戲　淺野八郎著　160元
15. 行為語言解析　淺野八郎著　160元

・婦幼天地・電腦編號 16・

1.	八萬人減肥成果	黃靜香譯	180元
2.	三分鐘減肥體操	楊鴻儒譯	150元
3.	窈窕淑女美髮秘訣	柯素娥譯	130元
4.	使妳更迷人	成　玉譯	130元
5.	女性的更年期	官舒妍編譯	160元
6.	胎內育兒法	李玉瓊編譯	150元
7.	早產兒袋鼠式護理	唐岱蘭譯	200元
8.	初次懷孕與生產	婦幼天地編譯組	180元
9.	初次育兒12個月	婦幼天地編譯組	180元
10.	斷乳食與幼兒食	婦幼天地編譯組	180元
11.	培養幼兒能力與性向	婦幼天地編譯組	180元
12.	培養幼兒創造力的玩具與遊戲	婦幼天地編譯組	180元
13.	幼兒的症狀與疾病	婦幼天地編譯組	180元
14.	腿部苗條健美法	婦幼天地編譯組	180元
15.	女性腰痛別忽視	婦幼天地編譯組	150元
16.	舒展身心體操術	李玉瓊編譯	130元
17.	三分鐘臉部體操	趙薇妮著	160元
18.	生動的笑容表情術	趙薇妮著	160元
19.	心曠神怡減肥法	川津祐介著	130元
20.	內衣使妳更美麗	陳玄茹譯	130元
21.	瑜伽美姿美容	黃靜香編著	180元
22.	高雅女性裝扮學	陳珮玲譯	180元
23.	蠶糞肌膚美顏法	坂梨秀子著	160元
24.	認識妳的身體	李玉瓊譯	160元
25.	產後恢復苗條體態	居理安・芙萊喬著	200元
26.	正確護髮美容法	山崎伊久江著	180元
27.	安琪拉美姿養生學	安琪拉蘭斯博瑞著	180元
28.	女體性醫學剖析	增田豐著	220元
29.	懷孕與生產剖析	岡部綾子著	180元
30.	斷奶後的健康育兒	東城百合子著	220元
31.	引出孩子幹勁的責罵藝術	多湖輝著	170元
32.	培養孩子獨立的藝術	多湖輝著	170元
33.	子宮肌瘤與卵巢囊腫	陳秀琳編著	180元
34.	下半身減肥法	納他夏・史達賓著	180元
35.	女性自然美容法	吳雅菁編著	180元
36.	再也不發胖	池園悅太郎著	170元

37. 生男生女控制術	中垣勝裕著	220 元
38. 使妳的肌膚更亮麗	楊　皓編著	170 元
39. 臉部輪廓變美	芝崎義夫著	180 元
40. 斑點、皺紋自己治療	高須克彌著	180 元
41. 面皰自己治療	伊藤雄康著	180 元
42. 隨心所欲瘦身冥想法	原久子著	180 元
43. 胎兒革命	鈴木丈織著	180 元
44. NS 磁氣平衡法塑造窈窕奇蹟	古屋和江著	180 元
45. 享瘦從腳開始	山田陽子著	180 元
46. 小改變瘦 4 公斤	宮本裕子著	180 元
47. 軟管減肥瘦身	高橋輝男著	180 元
48. 海藻精神秘美容法	劉名揚編著	180 元
49. 肌膚保養與脫毛	鈴木真理著	180 元
50. 10 天減肥 3 公斤	彤雲編輯組	180 元
51. 穿出自己的品味	西村玲子著	280 元

·青春天地·電腦編號 17

1. A 血型與星座	柯素娥編譯	160 元
2. B 血型與星座	柯素娥編譯	160 元
3. O 血型與星座	柯素娥編譯	160 元
4. AB 血型與星座	柯素娥編譯	120 元
5. 青春期性教室	呂貴嵐編譯	130 元
6. 事半功倍讀書法	王毅希編譯	150 元
7. 難解數學破題	宋釗宜編譯	130 元
9. 小論文寫作秘訣	林顯茂編譯	120 元
11. 中學生野外遊戲	熊谷康編著	120 元
12. 恐怖極短篇	柯素娥編譯	130 元
13. 恐怖夜話	小毛驢編譯	130 元
14. 恐怖幽默短篇	小毛驢編譯	120 元
15. 黑色幽默短篇	小毛驢編譯	120 元
16. 靈異怪談	小毛驢編譯	130 元
17. 錯覺遊戲	小毛驢編著	130 元
18. 整人遊戲	小毛驢編著	150 元
19. 有趣的超常識	柯素娥編譯	130 元
20. 哦！原來如此	林慶旺編譯	130 元
21. 趣味競賽 100 種	劉名揚編譯	120 元
22. 數學謎題入門	宋釗宜編譯	150 元
23. 數學謎題解析	宋釗宜編譯	150 元
24. 透視男女心理	林慶旺編譯	120 元
25. 少女情懷的自白	李桂蘭編譯	120 元
26. 由兄弟姊妹看命運	李玉瓊編譯	130 元
27. 趣味的科學魔術	林慶旺編譯	150 元
28. 趣味的心理實驗室	李燕玲編譯	150 元

29. 愛與性心理測驗	小毛驢編譯	130 元
30. 刑案推理解謎	小毛驢編譯	130 元
31. 偵探常識推理	小毛驢編譯	130 元
32. 偵探常識解謎	小毛驢編譯	130 元
33. 偵探推理遊戲	小毛驢編譯	130 元
34. 趣味的超魔術	廖玉山編著	150 元
35. 趣味的珍奇發明	柯素娥編著	150 元
36. 登山用具與技巧	陳瑞菊編著	150 元
37. 性的漫談	蘇燕謀編著	180 元
38. 無的漫談	蘇燕謀編著	180 元
39. 黑色漫談	蘇燕謀編著	180 元
40. 白色漫談	蘇燕謀編著	180 元

・健康天地・電腦編號 18

1. 壓力的預防與治療	柯素娥編譯	130 元
2. 超科學氣的魔力	柯素娥編譯	130 元
3. 尿療法治病的神奇	中尾良一著	130 元
4. 鐵證如山的尿療法奇蹟	廖玉山譯	120 元
5. 一日斷食健康法	葉慈容編譯	150 元
6. 胃部強健法	陳炳崑譯	120 元
7. 癌症早期檢查法	廖松濤譯	160 元
8. 老人痴呆症防止法	柯素娥編譯	130 元
9. 松葉汁健康飲料	陳麗芬編譯	130 元
10. 揉肚臍健康法	永井秋夫著	150 元
11. 過勞死、猝死的預防	卓秀貞編譯	130 元
12. 高血壓治療與飲食	藤山順豐著	150 元
13. 老人看護指南	柯素娥編譯	150 元
14. 美容外科淺談	楊啟宏著	150 元
15. 美容外科新境界	楊啟宏著	150 元
16. 鹽是天然的醫生	西英司郎著	140 元
17. 年輕十歲不是夢	梁瑞麟譯	200 元
18. 茶料理治百病	桑野和民著	180 元
19. 綠茶治病寶典	桑野和民著	150 元
20. 杜仲茶養顏減肥法	西田博著	150 元
21. 蜂膠驚人療效	瀨長良三郎著	180 元
22. 蜂膠治百病	瀨長良三郎著	180 元
23. 醫藥與生活(一)	鄭炳全著	180 元
24. 鈣長生寶典	落合敏著	180 元
25. 大蒜長生寶典	木下繁太郎著	160 元
26. 居家自我健康檢查	石川恭三著	160 元
27. 永恆的健康人生	李秀鈴譯	200 元
28. 大豆卵磷脂長生寶典	劉雪卿譯	150 元
29. 芳香療法	梁艾琳譯	160 元

30. 醋長生寶典	柯素娥譯	180 元
31. 從星座透視健康	席拉・吉蒂斯著	180 元
32. 愉悅自在保健學	野本二士夫著	160 元
33. 裸睡健康法	丸山淳士等著	160 元
34. 糖尿病預防與治療	藤田順豐著	180 元
35. 維他命長生寶典	菅原明子著	180 元
36. 維他命 C 新效果	鐘文訓編	150 元
37. 手、腳病理按摩	堤芳朗著	160 元
38. AIDS 瞭解與預防	彼得塔歇爾著	180 元
39. 甲殼質殼聚糖健康法	沈永嘉譯	160 元
40. 神經痛預防與治療	木下真男著	160 元
41. 室內身體鍛鍊法	陳炳崑編著	160 元
42. 吃出健康藥膳	劉大器編著	180 元
43. 自我指壓術	蘇燕謀編著	160 元
44. 紅蘿蔔汁斷食療法	李玉瓊編著	150 元
45. 洗心術健康秘法	竺翠萍編譯	170 元
46. 枇杷葉健康療法	柯素娥編譯	180 元
47. 抗衰血癒	楊啟宏著	180 元
48. 與癌搏鬥記	逸見政孝著	180 元
49. 冬蟲夏草長生寶典	高橋義博著	170 元
50. 痔瘡・大腸疾病先端療法	宮島伸宜著	180 元
51. 膠布治癒頑固慢性病	加瀨建造著	180 元
52. 芝麻神奇健康法	小林貞作著	170 元
53. 香煙能防止癡呆？	高田明和著	180 元
54. 穀菜食治癌療法	佐藤成志著	180 元
55. 貼藥健康法	松原英多著	180 元
56. 克服癌症調和道呼吸法	帶津良一著	180 元
57. B 型肝炎預防與治療	野村喜重郎著	180 元
58. 青春永駐養生導引術	早島正雄著	180 元
59. 改變呼吸法創造健康	原久子著	180 元
60. 荷爾蒙平衡養生秘訣	出村博著	180 元
61. 水美肌健康法	井戶勝富著	170 元
62. 認識食物掌握健康	廖梅珠編著	170 元
63. 痛風劇痛消除法	鈴木吉彥著	180 元
64. 酸莖菌驚人療效	上田明彥著	180 元
65. 大豆卵磷脂治現代病	神津健一著	200 元
66. 時辰療法—危險時刻凌晨 4 時	呂建強等著	180 元
67. 自然治癒力提升法	帶津良一著	180 元
68. 巧妙的氣保健法	藤平墨子著	180 元
69. 治癒 C 型肝炎	熊田博光著	180 元
70. 肝臟病預防與治療	劉名揚編著	180 元
71. 腰痛平衡療法	荒井政信著	180 元
72. 根治多汗症、狐臭	稻葉益巳著	220 元
73. 40 歲以後的骨質疏鬆症	沈永嘉譯	180 元

74. 認識中藥 松下一成著 180 元
75. 認識氣的科學 佐佐木茂美著 180 元
76. 我戰勝了癌症 安田伸著 180 元
77. 斑點是身心的危險信號 中野進著 180 元
78. 艾波拉病毒大震撼 玉川重德著 180 元
79. 重新還我黑髮 桑名隆一郎著 180 元
80. 身體節律與健康 林博史著 180 元
81. 生薑治萬病 石原結實著 180 元
82. 靈芝治百病 陳瑞東著 180 元
83. 木炭驚人的威力 大槻彰著 200 元
84. 認識活性氧 井土貴司著 180 元
85. 深海鮫治百病 廖玉山編著 180 元
86. 神奇的蜂王乳 井上丹治著 180 元
87. 卡拉 OK 健腦法 東潔著 180 元
88. 卡拉 OK 健康法 福田伴男著 180 元
89. 醫藥與生活(二) 鄭炳全著 200 元
90. 洋蔥治百病 宮尾興平著 180 元
91. 年輕 10 歲快步健康法 石塚忠雄著 180 元
92. 石榴的驚人神效 岡本順子著 180 元
93. 飲料健康法 白鳥早奈英著 180 元

・實用女性學講座・電腦編號 19

1. 解讀女性內心世界 島田一男著 150 元
2. 塑造成熟的女性 島田一男著 150 元
3. 女性整體裝扮學 黃靜香編著 180 元
4. 女性應對禮儀 黃靜香編著 180 元
5. 女性婚前必修 小野十傳著 200 元
6. 徹底瞭解女人 田口二州著 180 元
7. 拆穿女性謊言 88 招 島田一男著 200 元
8. 解讀女人心 島田一男著 200 元
9. 俘獲女性絕招 志賀貢著 200 元
10. 愛情的壓力解套 中村理英子著 200 元

・校園系列・電腦編號 20

1. 讀書集中術 多湖輝著 150 元
2. 應考的訣竅 多湖輝著 150 元
3. 輕鬆讀書贏得聯考 多湖輝著 150 元
4. 讀書記憶秘訣 多湖輝著 150 元
5. 視力恢復！超速讀術 江錦雲譯 180 元
6. 讀書 36 計 黃柏松編著 180 元
7. 驚人的速讀術 鐘文訓編著 170 元

8. 學生課業輔導良方　多湖輝著　180元
9. 超速讀超記憶法　廖松濤編著　180元
10. 速算解題技巧　宋釗宜編著　200元
11. 看圖學英文　陳炳崑編著　200元
12. 讓孩子最喜歡數學　沈永嘉譯　180元

・實用心理學講座・電腦編號 21

1. 拆穿欺騙伎倆　多湖輝著　140元
2. 創造好構想　多湖輝著　140元
3. 面對面心理術　多湖輝著　160元
4. 偽裝心理術　多湖輝著　140元
5. 透視人性弱點　多湖輝著　140元
6. 自我表現術　多湖輝著　180元
7. 不可思議的人性心理　多湖輝著　180元
8. 催眠術入門　多湖輝著　150元
9. 責罵部屬的藝術　多湖輝著　150元
10. 精神力　多湖輝著　150元
11. 厚黑說服術　多湖輝著　150元
12. 集中力　多湖輝著　150元
13. 構想力　多湖輝著　150元
14. 深層心理術　多湖輝著　160元
15. 深層語言術　多湖輝著　160元
16. 深層說服術　多湖輝著　180元
17. 掌握潛在心理　多湖輝著　160元
18. 洞悉心理陷阱　多湖輝著　180元
19. 解讀金錢心理　多湖輝著　180元
20. 拆穿語言圈套　多湖輝著　180元
21. 語言的內心玄機　多湖輝著　180元
22. 積極力　多湖輝著　180元

・超現實心理講座・電腦編號 22

1. 超意識覺醒法　詹蔚芬編譯　130元
2. 護摩秘法與人生　劉名揚編譯　130元
3. 秘法！超級仙術入門　陸明譯　150元
4. 給地球人的訊息　柯素娥編著　150元
5. 密教的神通力　劉名揚編著　130元
6. 神秘奇妙的世界　平川陽一著　180元
7. 地球文明的超革命　吳秋嬌譯　200元
8. 力量石的秘密　吳秋嬌譯　180元
9. 超能力的靈異世界　馬小莉譯　200元
10. 逃離地球毀滅的命運　吳秋嬌譯　200元

11. 宇宙與地球終結之謎	南山宏著	200 元
12. 驚世奇功揭秘	傅起鳳著	200 元
13. 啟發身心潛力心象訓練法	栗田昌裕著	180 元
14. 仙道術遁甲法	高藤聰一郎著	220 元
15. 神通力的秘密	中岡俊哉著	180 元
16. 仙人成仙術	高藤聰一郎著	200 元
17. 仙道符咒氣功法	高藤聰一郎著	220 元
18. 仙道風水術尋龍法	高藤聰一郎著	200 元
19. 仙道奇蹟超幻像	高藤聰一郎著	200 元
20. 仙道鍊金術房中法	高藤聰一郎著	200 元
21. 奇蹟超醫療治癒難病	深野一幸著	220 元
22. 揭開月球的神秘力量	超科學研究會	180 元
23. 西藏密教奧義	高藤聰一郎著	250 元
24. 改變你的夢術入門	高藤聰一郎著	250 元

・養生保健・電腦編號 23

1. 醫療養生氣功	黃孝寬著	250 元
2. 中國氣功圖譜	余功保著	230 元
3. 少林醫療氣功精粹	井玉蘭著	250 元
4. 龍形實用氣功	吳大才等著	220 元
5. 魚戲增視強身氣功	宮 嬰著	220 元
6. 嚴新氣功	前新培金著	250 元
7. 道家玄牝氣功	張 章著	200 元
8. 仙家秘傳袪病功	李遠國著	160 元
9. 少林十大健身功	秦慶豐著	180 元
10. 中國自控氣功	張明武著	250 元
11. 醫療防癌氣功	黃孝寬著	250 元
12. 醫療強身氣功	黃孝寬著	250 元
13. 醫療點穴氣功	黃孝寬著	250 元
14. 中國八卦如意功	趙維漢著	180 元
15. 正宗馬禮堂養氣功	馬禮堂著	420 元
16. 秘傳道家筋經內丹功	王慶餘著	280 元
17. 三元開慧功	辛桂林著	250 元
18. 防癌治癌新氣功	郭 林著	180 元
19. 禪定與佛家氣功修煉	劉天君著	200 元
20. 顛倒之術	梅自強著	360 元
21. 簡明氣功辭典	吳家駿編	360 元
22. 八卦三合功	張全亮著	230 元
23. 朱砂掌健身養生功	楊永著	250 元
24. 抗老功	陳九鶴著	230 元
25. 意氣按穴排濁自療法	黃啟運編著	250 元
26. 陳式太極拳養生功	陳正雷著	200 元

・社會人智囊・電腦編號 24

1. 糾紛談判術　清水增三著　160 元
2. 創造關鍵術　淺野八郎著　150 元
3. 觀人術　淺野八郎著　180 元
4. 應急詭辯術　廖英迪編著　160 元
5. 天才家學習術　木原武一著　160 元
6. 貓型狗式鑑人術　淺野八郎著　180 元
7. 逆轉運掌握術　淺野八郎著　180 元
8. 人際圓融術　澀谷昌三著　160 元
9. 解讀人心術　淺野八郎著　180 元
10. 與上司水乳交融術　秋元隆司著　180 元
11. 男女心態定律　小田晉著　180 元
12. 幽默說話術　林振輝編著　200 元
13. 人能信賴幾分　淺野八郎著　180 元
14. 我一定能成功　李玉瓊譯　180 元
15. 獻給青年的嘉言　陳蒼杰譯　180 元
16. 知人、知面、知其心　林振輝編著　180 元
17. 塑造堅強的個性　坂上肇著　180 元
18. 為自己而活　佐藤綾子著　180 元
19. 未來十年與愉快生活有約　船井幸雄著　180 元
20. 超級銷售話術　杜秀卿譯　180 元
21. 感性培育術　黃靜香編著　180 元
22. 公司新鮮人的禮儀規範　蔡媛惠譯　180 元
23. 傑出職員鍛鍊術　佐佐木正著　180 元
24. 面談獲勝戰略　李芳黛譯　180 元
25. 金玉良言撼人心　森純大著　180 元
26. 男女幽默趣典　劉華亭編著　180 元
27. 機智說話術　劉華亭編著　180 元
28. 心理諮商室　柯素娥譯　180 元
29. 如何在公司崢嶸頭角　佐佐木正著　180 元
30. 機智應對術　李玉瓊編著　200 元
31. 克服低潮良方　坂野雄二著　180 元
32. 智慧型說話技巧　沈永嘉編著　180 元
33. 記憶力、集中力增進術　廖松濤編著　180 元
34. 女職員培育術　林慶旺編著　180 元
35. 自我介紹與社交禮儀　柯素娥編著　180 元
36. 積極生活創幸福　田中真澄著　180 元
37. 妙點子超構想　多湖輝著　180 元
38. 說 NO 的技巧　廖玉山編著　180 元
39. 一流說服力　李玉瓊編著　180 元
40. 般若心經成功哲學　陳鴻蘭編著　180 元
41. 訪問推銷術　黃靜香編著　180 元

42. 男性成功秘訣	陳蒼杰編著	180 元
43. 笑容、人際智商	宮川澄子著	180 元
44. 多湖輝的構想工作室	多湖輝著	200 元

・精選系列・電腦編號 25

1. 毛澤東與鄧小平	渡邊利夫等著	280 元
2. 中國大崩裂	江戶介雄著	180 元
3. 台灣・亞洲奇蹟	上村幸治著	220 元
4. 7-ELEVEN 高盈收策略	國友隆一著	180 元
5. 台灣獨立（新・中國日本戰爭一）	森詠著	200 元
6. 迷失中國的末路	江戶雄介著	220 元
7. 2000 年 5 月全世界毀滅	紫藤甲子男著	180 元
8. 失去鄧小平的中國	小島朋之著	220 元
9. 世界史爭議性異人傳	桐生操著	200 元
10. 淨化心靈享人生	松濤弘道著	220 元
11. 人生心情診斷	賴藤和寬著	220 元
12. 中美大決戰	檜山良昭著	220 元
13. 黃昏帝國美國	莊雯琳譯	220 元
14. 兩岸衝突（新・中國日本戰爭二）	森詠著	220 元
15. 封鎖台灣（新・中國日本戰爭三）	森詠著	220 元
16. 中國分裂（新・中國日本戰爭四）	森詠著	220 元
17. 由女變男的我	虎井正衛著	200 元
18. 佛學的安心立命	松濤弘道著	220 元

・運動遊戲・電腦編號 26

1. 雙人運動	李玉瓊譯	160 元
2. 愉快的跳繩運動	廖玉山譯	180 元
3. 運動會項目精選	王佑京譯	150 元
4. 肋木運動	廖玉山譯	150 元
5. 測力運動	王佑宗譯	150 元
6. 游泳入門	唐桂萍編著	200 元

・休閒娛樂・電腦編號 27

1. 海水魚飼養法	田中智浩著	300 元
2. 金魚飼養法	曾雪玫譯	250 元
3. 熱門海水魚	毛利匡明著	480 元
4. 愛犬的教養與訓練	池田好雄著	250 元
5. 狗教養與疾病	杉浦哲著	220 元
6. 小動物養育技巧	三上昇著	300 元
20. 園藝植物管理	船越亮二著	220 元

・銀髮族智慧學・電腦編號 28

1.	銀髮六十樂逍遙	多湖輝著	170 元
2.	人生六十反年輕	多湖輝著	170 元
3.	六十歲的決斷	多湖輝著	170 元
4.	銀髮族健身指南	孫瑞台編著	250 元

・飲 食 保 健・電腦編號 29

1.	自己製作健康茶	大海淳著	220 元
2.	好吃、具藥效茶料理	德永睦子著	220 元
3.	改善慢性病健康藥草茶	吳秋嬌譯	200 元
4.	藥酒與健康果菜汁	成玉編著	250 元
5.	家庭保健養生湯	馬汴梁編著	220 元
6.	降低膽固醇的飲食	早川和志著	200 元
7.	女性癌症的飲食	女子營養大學	280 元
8.	痛風者的飲食	女子營養大學	280 元
9.	貧血者的飲食	女子營養大學	280 元
10.	高脂血症者的飲食	女子營養大學	280 元
11.	男性癌症的飲食	女子營養大學	280 元
12.	過敏者的飲食	女子營養大學	280 元
13.	心臟病的飲食	女子營養大學	280 元
14.	滋陰壯陽的飲食	王增著	220 元

・家庭醫學保健・電腦編號 30

1.	女性醫學大全	雨森良彥著	380 元
2.	初為人父育兒寶典	小瀧周曹著	220 元
3.	性活力強健法	相建華著	220 元
4.	30 歲以上的懷孕與生產	李芳黛編著	220 元
5.	舒適的女性更年期	野末悅子著	200 元
6.	夫妻前戲的技巧	笠井寬司著	200 元
7.	病理足穴按摩	金慧明著	220 元
8.	爸爸的更年期	河野孝旺著	200 元
9.	橡皮帶健康法	山田晶著	180 元
10.	三十三天健美減肥	相建華等著	180 元
11.	男性健美入門	孫玉祿編著	180 元
12.	強化肝臟秘訣	主婦の友社編	200 元
13.	了解藥物副作用	張果馨譯	200 元
14.	女性醫學小百科	松山榮吉著	200 元
15.	左轉健康法	龜田修等著	200 元
16.	實用天然藥物	鄭炳全編著	260 元
17.	神秘無痛平衡療法	林宗駛著	180 元

18. 膝蓋健康法	張果馨譯	180 元
19. 針灸治百病	葛書翰著	250 元
20. 異位性皮膚炎治癒法	吳秋嬌譯	220 元
21. 禿髮白髮預防與治療	陳炳崑編著	180 元
22. 埃及皇宮菜健康法	飯森薰著	200 元
23. 肝臟病安心治療	上野幸久著	220 元
24. 耳穴治百病	陳抗美等著	250 元
25. 高效果指壓法	五十嵐康彥著	200 元
26. 瘦水、胖水	鈴木園子著	200 元
27. 手針新療法	朱振華著	200 元
28. 香港腳預防與治療	劉小惠譯	200 元
29. 智慧飲食吃出健康	柯富陽編著	200 元
30. 牙齒保健法	廖玉山編著	200 元
31. 恢復元氣養生食	張果馨譯	200 元
32. 特效推拿按摩術	李玉田著	200 元
33. 一週一次健康法	若狹真著	200 元
34. 家常科學膳食	大塚滋著	220 元
35. 夫妻們關心的男性不孕	原利夫著	220 元
36. 自我瘦身美容	馬野詠子著	200 元
37. 魔法姿勢益健康	五十嵐康彥著	200 元
38. 眼病錘療法	馬栩周著	200 元
39. 預防骨質疏鬆症	藤田拓男著	200 元
40. 骨質增生效驗方	李吉茂編著	250 元
41. 蕺菜健康法	小林正夫著	200 元
42. 赧於啟齒的男性煩惱	增田豐著	220 元
43. 簡易自我健康檢查	稻葉允著	250 元
44. 實用花草健康法	友田純子著	200 元
45. 神奇的手掌療法	日比野喬著	230 元
46. 家庭式三大穴道療法	刑部忠和著	200 元
47. 子宮癌、卵巢癌	岡島弘幸著	220 元

・超經營新智慧・電腦編號 31

1. 躍動的國家越南	林雅倩譯	250 元
2. 甦醒的小龍菲律賓	林雅倩譯	220 元
3. 中國的危機與商機	中江要介著	250 元
4. 在印度的成功智慧	山內利男著	220 元
5. 7-ELEVEN 大革命	村上豐道著	200 元
6. 業務員成功秘方	呂育清編著	200 元

・心 靈 雅 集・電腦編號 00

1. 禪言佛語看人生	松濤弘道著	180 元

2. 禪密教的奧秘	葉逯謙譯	120元
3. 觀音大法力	田口日勝著	120元
4. 觀音法力的大功德	田口日勝著	120元
5. 達摩禪 106 智慧	劉華亭編譯	220元
6. 有趣的佛教研究	葉逯謙編譯	170元
7. 夢的開運法	蕭京凌譯	130元
8. 禪學智慧	柯素娥編譯	130元
9. 女性佛教入門	許俐萍譯	110元
10. 佛像小百科	心靈雅集編譯組	130元
11. 佛教小百科趣談	心靈雅集編譯組	120元
12. 佛教小百科漫談	心靈雅集編譯組	150元
13. 佛教知識小百科	心靈雅集編譯組	150元
14. 佛學名言智慧	松濤弘道著	220元
15. 釋迦名言智慧	松濤弘道著	220元
16. 活人禪	平田精耕著	120元
17. 坐禪入門	柯素娥編譯	150元
18. 現代禪悟	柯素娥編譯	130元
19. 道元禪師語錄	心靈雅集編譯組	130元
20. 佛學經典指南	心靈雅集編譯組	130元
21. 何謂「生」阿含經	心靈雅集編譯組	150元
22. 一切皆空　般若心經	心靈雅集編譯組	180元
23. 超越迷惘　法句經	心靈雅集編譯組	130元
24. 開拓宇宙觀　華嚴經	心靈雅集編譯組	180元
25. 真實之道　法華經	心靈雅集編譯組	130元
26. 自由自在　涅槃經	心靈雅集編譯組	130元
27. 沈默的教示　維摩經	心靈雅集編譯組	150元
28. 開通心眼　佛語佛戒	心靈雅集編譯組	130元
29. 揭秘寶庫　密教經典	心靈雅集編譯組	180元
30. 坐禪與養生	廖松濤譯	110元
31. 釋尊十戒	柯素娥編譯	120元
32. 佛法與神通	劉欣如編著	120元
33. 悟（正法眼藏的世界）	柯素娥編譯	120元
34. 只管打坐	劉欣如編著	120元
35. 喬答摩・佛陀傳	劉欣如編著	120元
36. 唐玄奘留學記	劉欣如編著	120元
37. 佛教的人生觀	劉欣如編譯	110元
38. 無門關(上卷)	心靈雅集編譯組	150元
39. 無門關(下卷)	心靈雅集編譯組	150元
40. 業的思想	劉欣如編著	130元
41. 佛法難學嗎	劉欣如著	140元
42. 佛法實用嗎	劉欣如著	140元
43. 佛法殊勝嗎	劉欣如著	140元
44. 因果報應法則	李常傳編	180元
45. 佛教醫學的奧秘	劉欣如編著	150元

46. 紅塵絕唱	海　若著	130 元
47. 佛教生活風情	洪丕謨、姜玉珍著	220 元
48. 行住坐臥有佛法	劉欣如著	160 元
49. 起心動念是佛法	劉欣如著	160 元
50. 四字禪語	曹洞宗青年會	200 元
51. 妙法蓮華經	劉欣如編著	160 元
52. 根本佛教與大乘佛教	葉作森編	180 元
53. 大乘佛經	定方晟著	180 元
54. 須彌山與極樂世界	定方晟著	180 元
55. 阿闍世的悟道	定方晟著	180 元
56. 金剛經的生活智慧	劉欣如著	180 元
57. 佛教與儒教	劉欣如編譯	180 元
58. 佛教史入門	劉欣如編譯	180 元
59. 印度佛教思想史	劉欣如編譯	200 元
60. 佛教與女姓	劉欣如編譯	180 元
61. 禪與人生	洪丕謨主編	260 元

・經 營 管 理・電腦編號 01

◎ 創新經營管理六十六大計(精)	蔡弘文編	780 元
1. 如何獲取生意情報	蘇燕謀譯	110 元
2. 經濟常識問答	蘇燕謀譯	130 元
4. 台灣商戰風雲錄	陳中雄著	120 元
5. 推銷大王秘錄	原一平著	180 元
6. 新創意・賺大錢	王家成譯	90 元
7. 工廠管理新手法	琪　輝著	120 元
10. 美國實業 24 小時	柯順隆譯	80 元
11. 撼動人心的推銷法	原一平著	150 元
12. 高竿經營法	蔡弘文編	120 元
13. 如何掌握顧客	柯順隆譯	150 元
17. 一流的管理	蔡弘文編	150 元
18. 外國人看中韓經濟	劉華亭譯	150 元
20. 突破商場人際學	林振輝編著	90 元
22. 如何使女人打開錢包	林振輝編著	100 元
24. 小公司經營策略	王嘉誠著	160 元
25. 成功的會議技巧	鐘文訓編譯	100 元
26. 新時代老闆學	黃柏松編著	100 元
27. 如何創造商場智囊團	林振輝編譯	150 元
28. 十分鐘推銷術	林振輝編譯	180 元
29. 五分鐘育才	黃柏松編譯	100 元
33. 自我經濟學	廖松濤編譯	100 元
34. 一流的經營	陶田生編著	120 元
35. 女性職員管理術	王昭國編譯	120 元
36. ＩＢＭ的人事管理	鐘文訓編譯	150 元

37. 現代電腦常識	王昭國編譯	150 元
38. 電腦管理的危機	鐘文訓編譯	120 元
39. 如何發揮廣告效果	王昭國編譯	150 元
40. 最新管理技巧	王昭國編譯	150 元
41. 一流推銷術	廖松濤編譯	150 元
42. 包裝與促銷技巧	王昭國編譯	130 元
43. 企業王國指揮塔	松下幸之助著	120 元
44. 企業精銳兵團	松下幸之助著	120 元
45. 企業人事管理	松下幸之助著	100 元
46. 華僑經商致富術	廖松濤編譯	130 元
47. 豐田式銷售技巧	廖松濤編譯	180 元
48. 如何掌握銷售技巧	王昭國編著	130 元
50. 洞燭機先的經營	鐘文訓編譯	150 元
52. 新世紀的服務業	鐘文訓編譯	100 元
53. 成功的領導者	廖松濤編譯	120 元
54. 女推銷員成功術	李玉瓊編譯	130 元
55. ＩＢＭ人才培育術	鐘文訓編譯	100 元
56. 企業人自我突破法	黃琪輝編著	150 元
58. 財富開發術	蔡弘文編著	130 元
59. 成功的店舖設計	鐘文訓編著	150 元
61. 企管回春法	蔡弘文編著	130 元
62. 小企業經營指南	鐘文訓編譯	100 元
63. 商場致勝名言	鐘文訓編譯	150 元
64. 迎接商業新時代	廖松濤編譯	100 元
66. 新手股票投資入門	何朝乾編著	200 元
67. 上揚股與下跌股	何朝乾編譯	180 元
68. 股票速成學	何朝乾編譯	200 元
69. 理財與股票投資策略	黃俊豪編著	180 元
70. 黃金投資策略	黃俊豪編著	180 元
71. 厚黑管理學	廖松濤編譯	180 元
72. 股市致勝格言	呂梅莎編譯	180 元
73. 透視西武集團	林谷燁編譯	150 元
76. 巡迴行銷術	陳蒼杰譯	150 元
77. 推銷的魔術	王嘉誠譯	120 元
78. 60 秒指導部屬	周蓮芬編譯	150 元
79. 精銳女推銷員特訓	李玉瓊編譯	130 元
80. 企劃、提案、報告圖表的技巧	鄭汶譯	180 元
81. 海外不動產投資	許達守編譯	150 元
82. 八百伴的世界策略	李玉瓊譯	150 元
83. 服務業品質管理	吳宜芬譯	180 元
84. 零庫存銷售	黃東謙編譯	150 元
85. 三分鐘推銷管理	劉名揚編譯	150 元
86. 推銷大王奮鬥史	原一平著	150 元
87. 豐田汽車的生產管理	林谷燁編譯	150 元

·成 功 寶 庫· 電腦編號 02

1.	上班族交際術	江森滋著	100 元
2.	拍馬屁訣竅	廖玉山編譯	110 元
4.	聽話的藝術	歐陽輝編譯	110 元
9.	求職轉業成功術	陳義編著	110 元
10.	上班族禮儀	廖玉山編著	120 元
11.	接近心理學	李玉瓊編著	100 元
12.	創造自信的新人生	廖松濤編著	120 元
15.	神奇瞬間瞑想法	廖松濤編譯	100 元
16.	人生成功之鑰	楊意苓編著	150 元
19.	給企業人的諍言	鐘文訓編著	120 元
20.	企業家自律訓練法	陳義編譯	100 元
21.	上班族妖怪學	廖松濤編著	100 元
22.	猶太人縱橫世界的奇蹟	孟佑政編著	110 元
25.	你是上班族中強者	嚴思圖編著	100 元
30.	成功頓悟 100 則	蕭京凌編譯	130 元
32.	知性幽默	李玉瓊編譯	130 元
33.	熟記對方絕招	黃靜香編譯	100 元
37.	察言觀色的技巧	劉華亭編著	180 元
38.	一流領導力	施義彥編譯	120 元
40.	30 秒鐘推銷術	廖松濤編譯	150 元
41.	猶太成功商法	周蓮芬編譯	120 元
42.	尖端時代行銷策略	陳蒼杰編著	100 元
43.	顧客管理學	廖松濤編著	100 元
44.	如何使對方說 Yes	程羲編著	150 元
47.	上班族口才學	楊鴻儒譯	120 元
48.	上班族新鮮人須知	程羲編著	120 元
49.	如何左右逢源	程羲編著	130 元
50.	語言的心理戰	多湖輝著	130 元
55.	性惡企業管理學	陳蒼杰譯	130 元
56.	自我啟發 200 招	楊鴻儒編著	150 元
57.	做個傑出女職員	劉名揚編著	130 元
58.	靈活的集團營運術	楊鴻儒編著	120 元
60.	個案研究活用法	楊鴻儒編著	130 元
61.	企業教育訓練遊戲	楊鴻儒編著	120 元
62.	管理者的智慧	程義編譯	130 元
63.	做個佼佼管理者	馬筱莉編譯	130 元
67.	活用禪學於企業	柯素娥編譯	130 元
69.	幽默詭辯術	廖玉山編譯	150 元
70.	拿破崙智慧箴言	柯素娥編譯	130 元
71.	自我培育・超越	蕭京凌編譯	150 元
74.	時間即一切	沈永嘉編譯	130 元

國家圖書館出版品預行編目資料

7-ELEVEN 大革命／村上豐道著，李芳黛編譯
－初版－臺北市，大展，1998〔民 87〕
面；21 公分－（超經營新智慧；5）
譯自：セブンイレブンの革命
ISBN 957-557-841-4（平裝）
1. 便利商店－管理
489.8　　87009052

7-ELEVEN 大革命　　ISBN 957-557-841-4

原 著 者／村上豐道
編 譯 者／李 芳 黛
發 行 人／蔡 森 明
出 版 者／大展出版社有限公司
社　　址／台北市北投區（石牌）致遠一路 2 段 12 巷 1 號
電　　話／（02）28236031・28236033
傳　　真／（02）28272069
郵政劃撥／0166955—1
登 記 證／局版臺業字第 2171 號
承 印 者／國順圖書印刷公司
裝　　訂／嶸興裝訂有限公司
排 版 者／千兵企業有限公司
電　　話／（02）28812643
初版 1 刷／1998 年（民 87 年） 8 月

定　價／200 元

大展好書 好書大展

大展好書 好書大展